Martin Kramer

Begreifen durch Begreifen

Körperberechnungen

Lernen an Stationen: interaktiv und kooperativ

Klett | Kallmeyer

Bibliografische Information der Deutschen Nationalbibliothek
Die Deutsche Nationalbibliothek verzeichnet diese Publikation in der Deutschen Nationalbibliografie; detaillierte bibliografische Daten sind im Internet über http://dnb.d-nb.de abrufbar.

Impressum

Martin Kramer
Körperberechnungen
Lernen an Stationen: interaktiv und kooperativ

1. Auflage 2023

Redaktion: Dirk Haupt, Leipzig
Illustrationen: Martin Kramer
Fotos: Martin Kramer
Realisation: André Klemm
Druck: Zimmermann Druck + Verlag GmbH, Widukindplatz 2, 58802 Balve
Printed in Germany

ISBN: 978-3-7727-1688-1

Martin Kramer

Körperberechnungen

Lernen an Stationen: interaktiv und kooperativ

Klett | Kallmeyer

Inhalt

Vorwort

Warum viele Lernende immer noch Stunde um Stunde „auf dem Platz“ sitzen müssen, um ihrer Lehrkraft zuzuhören, ist aus der Sicht moderner Lernmethoden unverständlich. Schon die alten Griechen wussten über die Effektivität des Lernens an verschieden Orten (Loci-Technik). Neu ist diese Idee des Stationenlernens also nicht. Sie ist über zwei Jahrtausende alt und wird in zeitgemäßer Form mit diesem Material aufgegriffen.

Begreifen durch Begreifen
Lernen geschieht durch reales Begreifen. Beispielsweise erzeugen bereits wenige Streichhölzer durch Anschaulichkeit und „Begrifflichkeit“ eine qualitativ andere Aufgabe. Das Material ermöglicht Begegnung, ist Anlass für mathematische Diskussionen und unterstützt Nachhaltigkeit. Schülerinnen und Schüler arbeiten in ihrem individuellen Tempo. Eigenverantwortlichkeit wird gefördert und Selbstwirksamkeit erfahren. Lernende bewegen sich im Unterricht und erleben Mathematik. Da der Unterricht durch Stationen und Lösungen vorbereitet und strukturiert ist, haben Sie Zeit. Zeit für einzelne Lernende und kleinere Gruppen, Zeit zum Beobachten. Der Unterricht ist entschleunigt und bewirkt mehr. Das sind die Vorteile von *Begreifen durch Begreifen*. Wirksamer und störanfälliger
Einerseits ist das Stationenlernen deutlich wirksamer als konventioneller Unterricht. Zugrunde liegt ein systemischer Ansatz: Jeder Schüler weiß am besten, wo und wie er am besten lernen kann. Die Schüler können selbst entscheiden, welche Aufgabe sie mit wem zu welcher Zeit bearbeiten und sie können in ihrem eigenen Tempo arbeiten. Sie erfahren weit mehr Selbstwirksamkeit, als wenn alle in derselben Zeit dasselbe lernen sollen. Das ermöglicht ein sehr angenehmes Arbeitsklima im Klassenzimmer.
Andererseits ist die Methode auch störanfälliger, als wenn die Lernenden auf ihren Plätzen sitzen und alle dieselbe Aufgabe in derselben Zeit lesen oder erklärt bekommen. Es kommt also auf den Reifegrad der Klasse an. Wenn sie die Vorteile des Lernkonzeptes verstehen und für sich selber Verantwortung übernehmen können, entsteht eine Lernumgebung, die alle Beteiligten zuerst positiv erleben. Es reicht, wenn wenige Lernende nicht mitspielen bzw. nicht mitlernen, um das an sich sehr wirksame Konzept ins Wanken zu bringen. Ich nehme mir im Laufe der Jahre immer mehr Zeit dafür, die kommunikative Struktur und die damit verbundenen Vorteile vorab zu erklären. Mein Ziel ist, Selbstwirksamkeit zu maximieren. Das gelingt beispielsweise mit diesem Material.

Mit wenig Aufwand einsetzbar
Um Mathematik begreifen zu können, werden Materialien benötigt, und diese lassen sich schlecht abhef-ten. Das ist der Grund dafür, warum eine Box (Bestellnummer: 14874) angeboten wird. Was zu welcher Station gehört, finden Sie im Stationsteil.

Zum Heft
Kapitel 1 zeigt eine Möglichkeit zur Umsetzung. Es ist kompakt für die didaktische Praxis geschrieben. Viele Methoden lassen sich auch außerhalb des Stationenlernens anwenden. Zentral ist die Übung „Begreifen durch Begreifen“. Kapitel 2 gibt eine Einführung in die zugrunde liegende Philosophie und konstruktivistische Grundhaltung. Wenn Sie mit dem Lernen an Stationen vertraut sind, können Sie nach einem Blick auf die Voraussetzungen und Vorbereitungen direkt zu Kapitel 3 springen, die Stationskarten auslegen und beginnen. Die Materialien befinden sich in Kapitel 4.

Für alle Schüler und Lehrkräfte, die Mathematik begreifen möchten.
Martin Kramer

1 Umsetzung

Fassen Sie bitte alles Folgende als einen Möglichkeitsraum auf. Sie können Dinge verändern, weglassen oder hinzufügen. Wer zum ersten Mal dem Stationenlernen begegnet, wird wahrscheinlich nicht gleich alle besprochenen Punkte umsetzen. Essenziell sind für die Anwendung die Punkte 1, 3, 4 und 7. Damit „funktioniert“ die Lerneinheit. Wer zur Meisterschaft gelangen möchte und Unterricht als Kunstwerk und Persönlichkeitsentwicklung begreift, der wird große Freude an den schwarz hervorgehobenen Abschnitten 2, 5, 6 und 8 haben. Die didaktischen Interventionen sind für die Praxis dicht gepackt und lassen sich auf weite Bereiche im Unterricht, auch jenseits der hier vorliegenden Stationen, anwenden. Sie machen den Unterschied zwischen „funktionieren“ und „gestalten“.

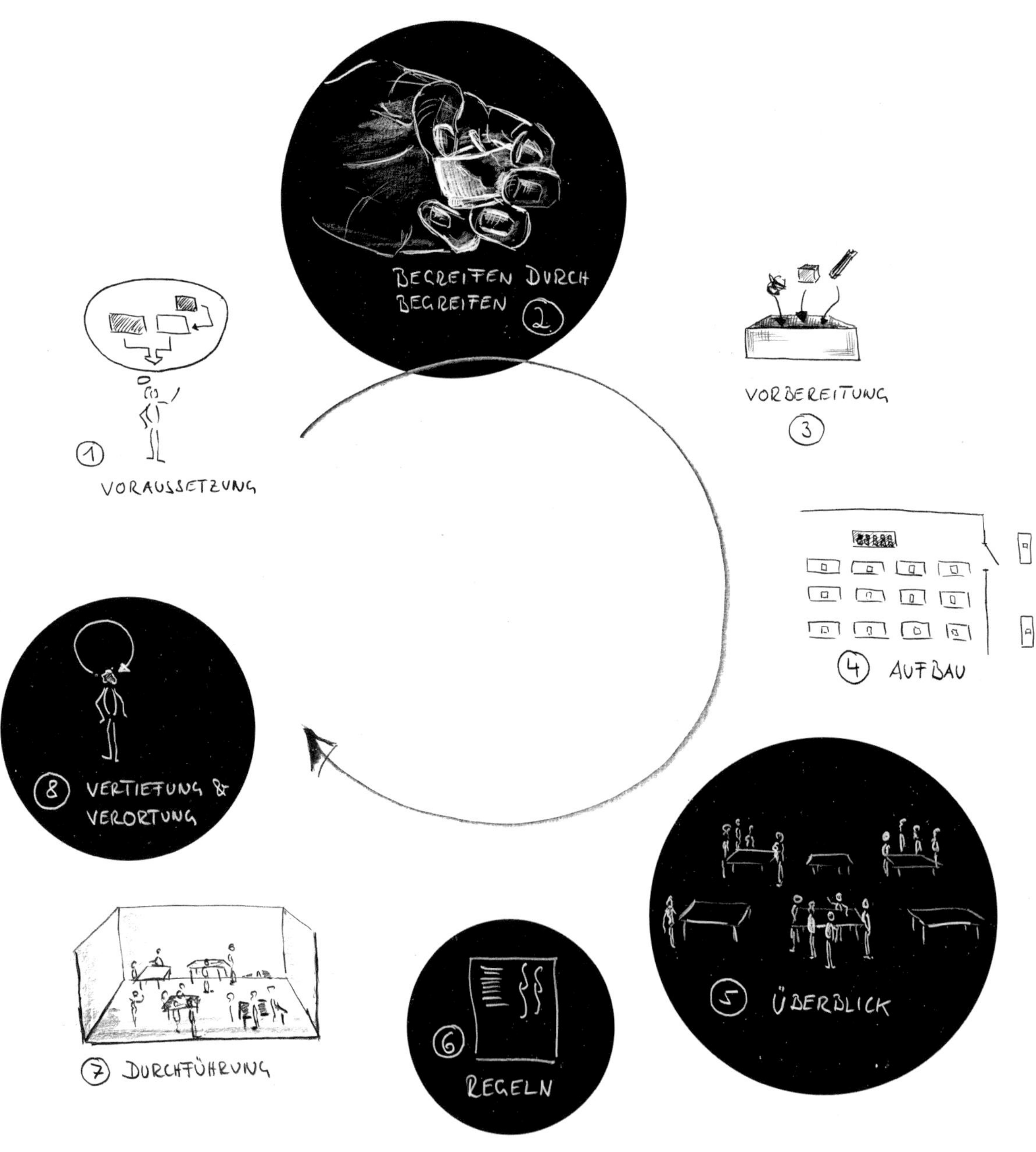

1.1 Voraussetzungen

Fachliche Voraussetzungen

- Volumina und Oberflächen von Prismen, Zylindern, Pyramiden, Kegeln und Kugeln
- Zusammengesetzte Körper
- Pythagoras (zum Beispiel zur Ermittlung der Höhe des gleichseitigen Dreiecks)
- Strahlensatz

Hinweis: Station 1 eignet sich sehr gut zur Einführung der Kegeloberfläche.

Soziale Voraussetzungen und innere Bereitschaft

Ebenso wichtig wie die fachlichen Voraussetzungen sind die sozialen. Diese waren noch nie so wichtig wie in Zeiten von sozialen Medien. Hierzu gehören eigenverantwortliches Arbeiten, die Fähigkeit, einander zuzuhören und teamorientiert arbeiten zu können. Bei offenen Unterrichtsformen ist die Lehrperson am stärksten im sozialen Bereich gefordert. Richten Sie Ihre Aufmerksamkeit auf die Lernatmosphäre! Im schlimmsten Fall brechen Sie das Stationenlernen ab und versuchen es in der nächsten Stunde erneut. Nicht alle Klassen haben bereits einen solchen Reifegrad, dass sie mit Eigenverantwortlichkeit umgehen können. Seien Sie vor allem am Anfang sehr klar und konsequent!

Ein Konzept, in dem Schüler eigenverantwortlich arbeiten, ergibt nur dann Sinn, wenn diese das auch wollen. Zeigen Sie die Vorteile und die besonderen Herausforderungen auf und fragen Sie anschließend ihre Schülerinnen und Schüler, ob sie bereit sind, sich auf das Stationenlernen einzulassen. Bisher habe ich es noch nie erlebt, dass eine Klasse Nein gesagt hat.

Vorteile

- Die Schüler können sich im Unterricht bewegen: Dadurch wird ein Lernen mit allen Sinnen ermöglicht.
- Der Lernprozess wird intern, vom Schüler selbst, gesteuert: Jeder bestimmt für sich, wann er welche Aufgabe bearbeiten möchte.
- Insbesondere kann jeder in seinem individuellen Tempo arbeiten. Der Unterricht ist nicht mehr „getaktet“.
- Der Lernzirkel ermöglicht eine Differenzierung im Schwierigkeitsgrad. Es muss nicht jeder zur selben Zeit dasselbe lernen.
- Jeder geht zu der Station, die er ansprechend findet. Daher treffen sich die, die an derselben Aufgabe interessiert sind *(themenzentrierte Gruppeneinteilung)*.
- Mathematik wird versprachlicht. Es wird viel mehr im Unterricht über Mathematik gesprochen als bei einem lehrerzentrierten Unterrichtsstil.
- „Lernen an verschieden Orten“ ist mehr als einfach „bewegendes Lernen“. Wenn der Schüler nach der Bearbeitung einer Station aufsteht und sich einer anderen zuwendet, die sich an einem anderen Ort befindet, tut er das nicht nur in Gedanken, sondern auch *räumlich*. Auch nach dem Stationenlernen (z. B. in einer Klassenarbeit) kann der Lernende gedanklich durch den Raum gehen und an den entsprechenden Orten die Aufgaben abrufen.
- Eigenverantwortlichkeit kann in einem überschaubaren Rahmen trainiert werden (siehe Herausforderung).
- Der Heftaufschrieb ist keine Tafelkopie. Schüler sind mehr als Kopierer, sie sind die Konstrukteure ihrer eigenen Aufschriebe. Die eigene Konstruktion ist ein wesentlicher Faktor für nachhaltiges Lernen.

Herausforderungen

- Eigenverantwortliches Arbeiten bedeutet, dass man sich eine eigene Struktur erschaffen muss. Was will ich heute verstehen? Was bearbeite ich als Hausaufgabe? Wie viel Zeit investiere ich in welche Aufgabe? Im konventionellen Unterricht wird der Schüler von außen gesteuert. Die Lehrkraft gibt dort die Struktur vor: Thema, Geschwindigkeit und Hausaufgaben. Das ist weniger effektiv für das Lernen, auch wenn es auf den ersten Blick scheinbar einfacher und kontrollierbarer ist.
- Ein eigener Heftaufschrieb will gelernt sein. Für manchen ist es eine Überforderung. In Abschnitt „6. Regeln" wird daher eine Übung vorgeschlagen.

Zeitliche Voraussetzung

Für die Durchführung des Stationenlernens *Körperberechnungen* benötigen Sie, je nach Klasse und Nachbereitung, etwa zwei bis drei Schulwochen.

½ Schulstunde	Einführung Experiment „Begreifen durch Begreifen" (S. 11) Aufbau der Stationen, Rundgang Einführung von Regeln
6 bis 8 Schulstunden	eigenverantwortliches Arbeiten an den Stationen Erstellung eines eigenen Heftaufschriebs, mehrmaliges gemeinsames Betrachten der Aufschriebe
1 Schulstunde	Selbsteinschätzung (S. 59) unbenoteter Test (S. 60) als Hausaufgabe: gegenseitige Korrektur
1 Schulstunde	Besprechung des Tests Besprechung von allgemeinen Schwierigkeiten
1 Schulstunde	Verortung und Mapping des Themas (S. 23, Landkarte des Wissens) Schlussreflexion
1 Schulstunde	Metareflexion: mathematische Ideen hinter den Aufgaben

Vertrautheit mit den Aufgaben

Tipp: Es hilft, wenn Sie die Aufgaben erst einmal allein durchrechnen. Dann kennen Sie die Ideen und Herausforderungen und wissen, welche Stationen in den Unterricht passen und ob Sie überhaupt alle Stationen auslegen wollen. Wenn Sie wenig Zeit haben, dann können Sie die Lösungen auch überfliegen.

1.2 Begreifen durch Begreifen

Die Bedeutung des realen Begreifens ist leider nicht mehr jeder und jedem unmittelbar verständlich. Was ist so wichtig am „Begreifen"? Warum macht weniges Material an einer Station einen so großen Unterschied in Nachhaltigkeit und Verständnis?

Werfen wir einen Blick auf die Robotik: Moderne Roboter, die mit einer künstlichen Intelligenz ausgestattet sind, „lernen" in der Interaktion mit ihrer Umwelt. „Lernen" bedeutet hier, dass die innere Programmstruktur anpasst wird. Dazu benötigt der Roboter erstens eine Sensorik und zweitens eine Motorik, damit er mit seiner Umwelt interagieren kann. Die Sensorik allein genügt nicht, erst das Zusammenspiel von eigener Motorik und eigener Sensorik ermöglicht den Aufbau einer Vorstellung von der ihn umgebenden Wirklichkeit. Es reicht also nicht, dass der Lernende in Kontakt mit dem jeweiligen Wissensgebiet kommt, er muss aktiv begreifen, um zu begreifen. Das zeigt das Experiment „Begreifen durch Begreifen" sehr eindrucksvoll.

Experiment: Begreifen durch Begreifen

Zum Begreifen ist unbestreitbar ein direkter Kontakt nötig. Aber der bloße Kontakt ist nicht ausreichend, um ein inneres Bild von einem Gegenstand zu erzeugen. Das Gehirn braucht, um nachhaltig zu begreifen, das Zusammenspiel von Sensorik und Motorik, was folgendes Experiment verdeutlicht:

Für die Durchführung benötigen Sie einen Partner, der die Augen geschlossen hält und seine Hand fixiert, indem er Handrücken und Finger gegen eine feste Unterlage presst. Die Idee ist, dass die Hand ihrer motorischen Fähigkeiten beraubt wird. Selbst die Fingerkuppen dürfen von dem „Blinden" nicht eigenständig bewegt werden.

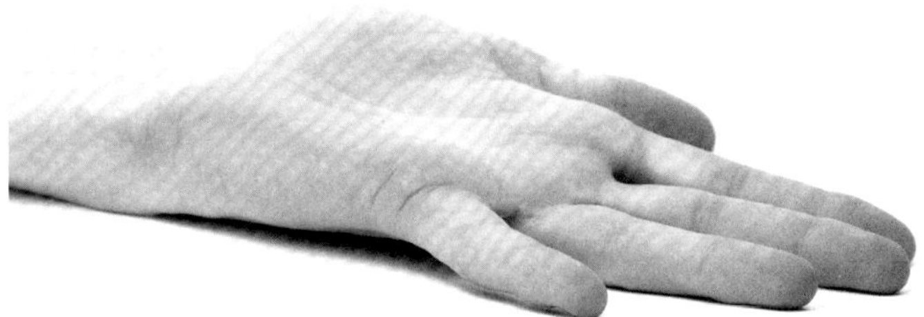

Nehmen Sie einen für den „Blinden" möglichst unbekannten Gegenstand. Das kann ein Mäppchen, ein Füller, eine Flasche, eine Handtasche oder ein Schlüssel sein, am besten etwas, was der Betrachter nicht kennt. Auch sollen keine Geräusche entstehen, da sonst weitere Sinnesorgane beteiligt werden.

Versuchen Sie, dem „Blinden" über direkten Kontakt nahezubringen, um was für einen Gegenstand es sich handelt. Sie können den Gegenstand beispielsweise stark oder leicht auf die Fingerkuppen drücken, Sie können ihn in unterschiedlicher Geschwindigkeit vorbeistreichen lassen und von allen möglichen Seiten andrücken. Der „Blinde" versucht zu erraten, was für einen Gegenstand Sie ihm nahebringen wollen. Lassen Sie sich Zeit und geben Sie der fixierten Hand alle erdenklichen Möglichkeiten, den Gegenstand zu fühlen. Verändern Sie die Druckstärke, ermöglichen Sie den Kontakt zu allen Ecken und Kanten. Lassen Sie dabei nie den Gegenstand los, um dessen Eigengewicht nicht zu verraten.

Dann bringen Sie den Gegenstand außer Sichtweite und befragen Ihr Gegenüber. Es soll alles, was es über den Gegenstand erfahren hat, äußern. Das ist meist wenig! Geben Sie jetzt dem „Blinden" erneut den Gegenstand. Er kann jetzt mit einer oder beiden Händen aktiv tasten. Es ist erstaunlich: Was passiv (ohne Verwendung der Motorik) in 30 Sekunden oder länger nicht möglich war, wird durch aktives Begreifen im Bruchteil einer Sekunde „erfasst".

Aktiv begreifen, um zu begreifen

Erst durch das eigene Handeln, den individuellen Nutzen der eigenen Motorik in Kombination mit den eigenen Sinnesorganen, wird ermöglicht (hier mit dem Tastsinn), dass ein Bild im Bewusstsein konstruiert werden kann. Sie müssen aktiv begreifen, um zu begreifen! Sie müssen wissen, mit welchem Druck Sie auf den Gegenstand einwirken, während Sie fühlen. Sie müssen erleben, wie schnell Sie die Fingerkuppe am Gegenstand entlangstreichen.

Es ist ganz und gar nicht egal, ob Sie passiv oder aktiv mit dem Gegenstand Kontakt aufnehmen. Erst mit der eigenen Aktivität können Sie Daten von dem Gegenstand erzeugen. Beachten Sie die Wortwahl: Sie benötigen für die eigene Konstruktion einen *Gegenstand,* der Ihnen aufgrund Ihres eigenen Handelns *entgegensteht.* Auf diese Weise konstruieren Sie Wissen.

Daher ist es grundlegend, dass die Lernenden selbst handeln. Die Sensoren sind zwar auch „an", wenn nicht gehandelt wird, aber das Bewusstsein kann die Eindrücke nicht interpretieren, da es nicht weiß, was getan wurde. Begreifen ist also weit mehr, als nur im direkten Kontakt mit dem (Lern-)Stoff zu sein. Um zu begreifen, muss man mit den Inhalten umgehen, damit spielen.

Schulstoff, der wehtut?

Ich möchte noch ein symbolisches Bild aufzeigen. Angenommen, es soll raues Schmirgelpapier ertastet werden. Was geschieht, wenn es unter Zwang zum direkten Kontakt kommt? Dann reibt das Schmirgelpapier am Schüler und es kommt zu Verletzungen. Härteres „Durchgreifen" trägt nicht zum Verstehen bei, die Rauheit der Körnung wird nicht durch äußere Gewalt begriffen. Der Schüler begreift in dieser „Lernanordnung" nur, dass der Stoff wehtut (Bild links).

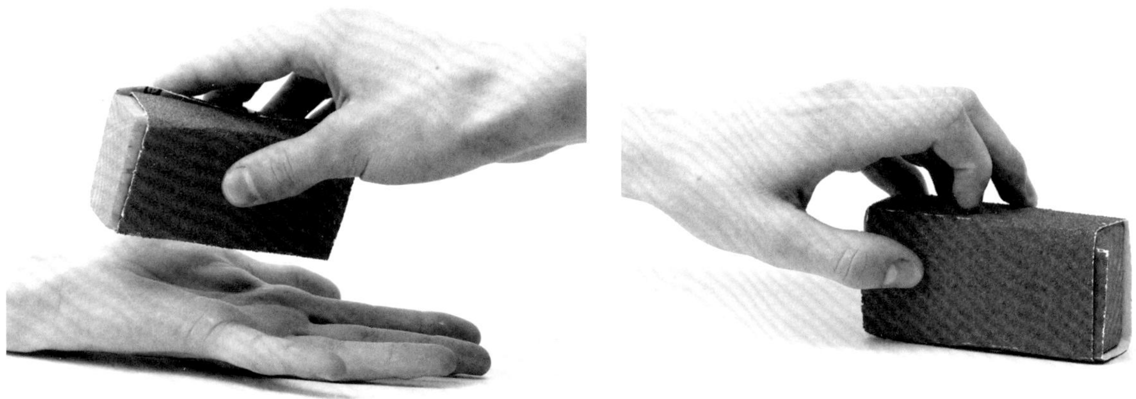

Es ist etwas ganz anderes, wenn er selbst das Schmirgelpapier „begreift" (Bild rechts). Dann kennt er den Anpressdruck, das Zusammenspiel zwischen der Wirkung auf seine Sensoren, seines Tastsinns und seiner Aktion. Es ist nicht der Stoff, der verletzt, es ist die Art und Weise des Kontaktes. Das ist die grundlegende Idee von handlungs- und erlebnisorientierter Didaktik.

Begreifen statt Wischbewegungen

Handlungsorientierung ist für die Schule so bedeutsam geworden wie noch nie. So wichtig moderne Medien im Unterricht sind – digitale Oberflächen sind strukturlos, sie ermöglichen Wischbewegungen, aber kein echtes Begreifen. Da in jeder Umgebung nur das geschehen kann, was im Möglichkeitsraum der Umgebung enthalten ist, braucht es das Angebot von haptischem Material, damit das Zusammenspiel von Motorik und Sensorik überhaupt möglich wird. Es gibt immer mehr Schüler, die Phänomene nur am Bildschirm „erleben".

1.3 Vorbereitung

Notwendige, materielle Vorbereitung

Das ist zu tun:
Damit „Begreifen“ möglich wird, brauchen Sie das zugehörige Material. Sie finden die Liste der benötigten Materialen im Kapitel Stationen auf S. 30.

Hinweis: Sollten Sie keine passende Box zur Hand haben, so besteht die Möglichkeit, unter der Bestellnummer 14874 eine solche zu erwerben (siehe S. 14).

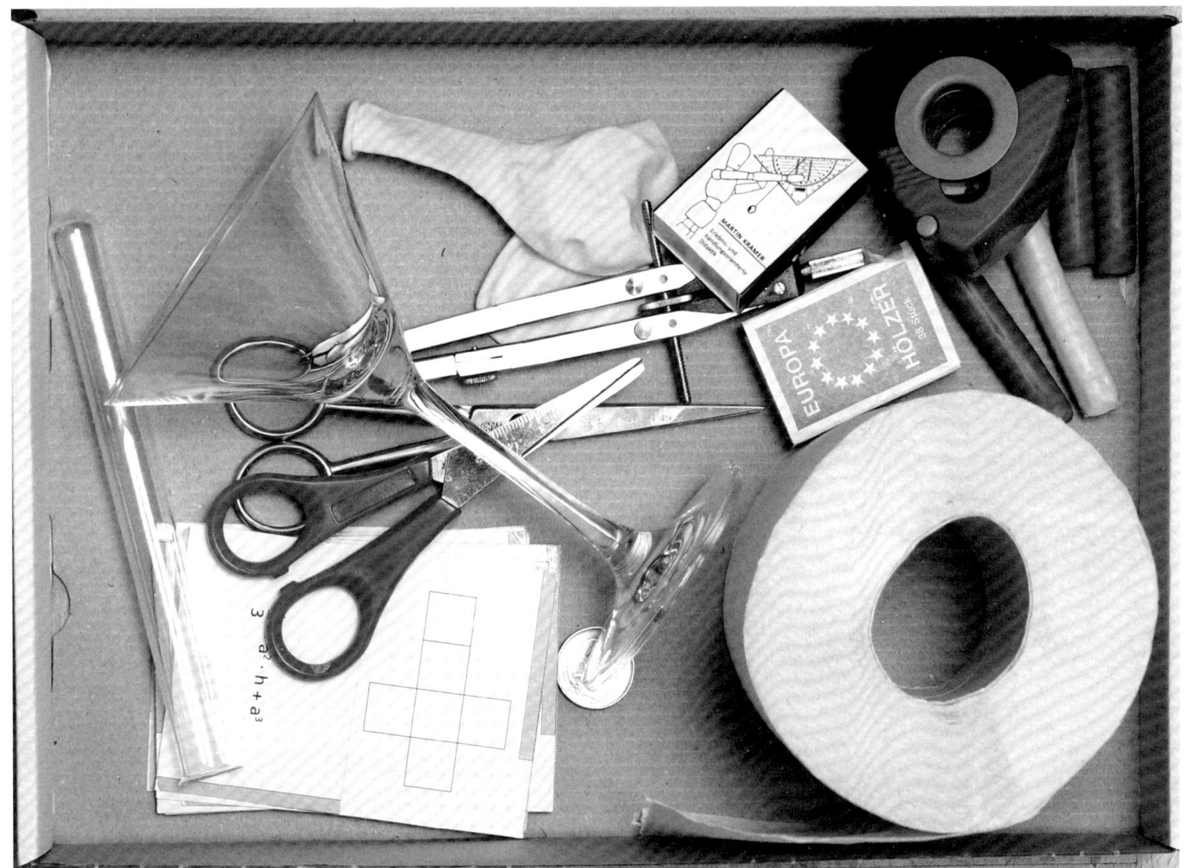

Die Lösungsvorschläge (S. 46 – 52) werden kopiert und in beschriftete Umschläge (1 – 14) gelegt.

Optional

- „Laufzettel“ für die Lernenden (Klassensatz, S. 31)
- Selbsteinschätzungsbogen (Klassensatz, S. 59)
- Test mit zugehörigem Lösungsvorschlag (jeweils als Klassensatz, S. 60 und 61)
- „Landkarte des Wissens“ (Klassensatz, S. 58)

Ihre Materialien übersichtlich aufbewahren

Zu allen Materialien der Reihe „Begreifen durch Begreifen: Lernen an Stationen“ kann auf der Webseite des Friedrich Verlags eine Box im passenden DIN-A4-Format bestellt werden.

www.friedrich-verlag.de
Bestellnummer: 14874
6,95 €

Im Download-Bereich der einzelnen Lernstationen finden Sie zudem eine fotografische Darstellung, was in der Box zu der jeweiligen Lernstation enthalten sein sollte, sowie eine Materialliste.

1.4 Aufbau der Stationen

Stationen

Alle privaten Dinge verschwinden vom Tisch. Es liegen nur die Aufgabe und der zugehörige Gegenstand auf dem Tisch, alles andere lenkt ab. Wie in der Skizze angedeutet, können zwei Tische vor das Klassenzimmer in den Gang gestellt werden.

Jede Station wird, in Anlehnung an die Loci-Technik, in jeder Stunde an derselben Stelle aufgebaut. Auf diese Weise können die Schüler meist sogar Wochen später angeben, wo sie welche Aufgabe bearbeitet haben.

Lösungen

Natürlich können die Lösungen auch direkt ausgelegt werden. Steckt man diese allerdings in einen Umschlag, so dürfen die Schüler die Lösung erst „auspacken"; dadurch wird sie mehr geschätzt. Man denke hierbei etwa an das Öffnen von Losen bei einer Tombola: „Stimmt mein Ergebnis, habe ich gewonnen?"

Hinweis: Achten Sie bereits beim ersten Aufbau darauf, dass nicht Sie allein die Stationen aufbauen. Ansonsten räumen Sie hinterher auch alles wieder auf. Die Idee ist, dass Sie so viel wie möglich an die Schüler delegieren; auf diese Weise wird das Stationenlernen zum Selbstläufer. Achten Sie darauf, dass Sie für den unterrichtlichen Ablauf nicht gebraucht werden, denn nur so haben Sie Zeit, um auf einzelne Schüler individuell einzugehen. Selbst im Vertretungsfall läuft der Unterricht dann in selbstverständlicher Art und Weise einfach weiter.

1.5 Überblick

Raumgang: Ein erster Überblick

In den ersten fünf Minuten wird keine Station bearbeitet. Es herrscht Stille, auch kein Flüstern. Alle Lernenden lesen sich die Aufgaben durch und verschaffen sich einen Überblick von dem Aufgabenangebot. „Was spricht mich an?" „Mit welcher Aufgabe möchte ich anfangen, welche vorerst beiseitelassen?" Für die nächsten sechs bis acht Stunden sind die Stationen der Rahmen, in dem der Mathematikunterricht stattfindet.

Nach ca. fünf Minuten geht jeder zu der Aufgabe, mit der er gern anfangen möchte. Auf natürliche Weise treffen sich so Schüler mit ähnlichen Interessen. Anschließend erhalten alle Schüler einen Laufzettel (siehe Material auf S. 31).

Bevor es losgeht, erklärt die Lehrperson die Regeln. Dazu gehört insbesondere, dass jeder für seinen eigenen Heftaufschrieb individuell verantwortlich ist.

Binnendifferenzierung

Die Stationen wurden, aus Sicht des Autors, entsprechend der Schwierigkeit eingefärbt. Grün steht für Basiswissen, Gelb für mittelschwere und Rot für anspruchsvolle Aufgaben. Die farblichen Einschätzungen sind mit Vorsicht zu betrachten: Leicht ist eine Aufgabe für den, der sie als leicht empfindet. Jede Angabe ist stets subjektiv, dennoch hoffe ich, eine ungefähre Orientierung geben zu können.

1.6 Regeln

Regeln zum Ablauf

§1 Die Aufgaben der Stationen werden nicht (!) nachbesprochen.
Der Stoff des Lernzirkels ist relevant für die Klassenarbeit. Er wird nicht (auch nicht im Anschluss an das Stationenlernen) durch die Lehrkraft vorgetragen.

Das ist eine ungewöhnliche und gleichzeitig auch die wichtigste Regel. Durch diese wird das Lernen eigenverantwortlich. Wenn die Lehrperson hinterher noch mal alles vorrechnet, dann braucht es kein Stationenlernen.

Hier klar zu sein ist vor allem dann wichtig, wenn die Schülerinnen und Schüler zum ersten Mal einen Lernzirkel erleben. Mitunter haben Schüler „falsche" Erfahrungen gesammelt:

- *Gruppenarbeit ist Zeit zum Ausruhen: Einer in der Gruppe erledigt die Aufgaben.*
- *Gruppenarbeit kann nicht von der Lehrkraft überprüft werden, deswegen wiederholt sie sowieso den Stoff am Ende der Einheit nochmals.*

Die Schüler haben die Möglichkeit zur Selbstkontrolle. Einerseits liegen die Lösungen aus, anderseits stehen Sie für Fragen zur Verfügung.

§2 Die Stationen bleiben an ihrem Ort liegen.
Man weiß nicht nur, was man gelernt hat, sondern auch wo. Auf diese Weise kann der Lernende über den Ort Gelerntes wieder abrufen (Loci-Technik). Verstärken kann man die Wirkung des Ortes, wenn man die Tische (bei 12 ausgewählten Stationen) wie bei einem kleinen 3 x 4-Memory stellt (vgl. Tischordnung in Abschnitt I, Vorbereitung).

Rein optisch verdeutlicht die Umgestaltung des Raumes, dass ein Unterricht mit Stationen von dezentraler Natur ist. Hat man weiteren Raum zur Verfügung (Nebenzimmer, Gang), so kann man den Unterricht entsprechend räumlich ausdehnen.

§3 Ortsfeste Lösungen
An einem bestimmten Ort (zum Beispiel am Pult oder an der Pinnwand) kann der Schüler jederzeit die Lösungen zu den einzelnen Stationen einsehen. Die Lösungen sind so stets erreichbar und nicht irgendwo unterwegs. Damit wird die „Methode der Orte" (vgl. §2) konsequent weitergeführt.

Die Lösungen werden demnach räumlich von den Aufgaben getrennt. Sie dürfen nicht mit an den Platz genommen werden. Das hat einen didaktischen Grund: Es soll die Idee zur Lösung transportiert werden, nicht diese selbst. Entscheidend ist nicht das, was im Heft steht, sondern das, was gelernt wurde.

§4 Generelle Fragen und Probleme
Wenn jemand ein Problem hat, von dem er vermutet, dass es für viele in der Klasse interessant und hilfreich ist, schreibt er es auf ein dafür vorgesehenes Blatt (z. B. am Tisch mit den Lösungen). Diese Fragen werden in einem passenden Moment im Plenum zusammen mit der Lehrkraft abgearbeitet.

§5 Nur Gruppen-, keine Einzelfragen
Das ist ein organisatorischer Kunstgriff: Die Schüler müssen sich auf eine Frage *einigen*. Lassen Sie zu, dass jeder sofort die Lehrkraft fragen darf, besteht die Gefahr, dass Sie sehr bald von Fragen überhäuft sind. Eine alternative Regel: Bevor eine Frage an die Lehrkraft gerichtet wird, soll mindestens 30 Sekunden mit einem Mitschüler darüber gesprochen werden.

Mit dieser Maßnahme werden sehr viele Fragen herausgefiltert und Sie haben für echte individuelle Betreuung Zeit. Weiter ist es für die Gruppendynamik förderlich, wenn Lernende zuerst untereinander versuchen, Fragen zu klären.

Die für die Lehrkraft gewonnene Zeit ist von unschätzbarem Wert. Sie können beobachten, intervenieren, sich um einzelne brillante Denker kümmern, sowie Langsameren etwas Schritt für Schritt erklären. So diskutierte ich z. B. mit einer kleinen Schülergruppe die Formel für die Raumdiagonale eines vierdimensionalen Würfels und erklärte einer anderen die Flächenformel für ein Dreieck. Eine höchst individuelle Betreuung ist möglich, da das Stationenlernen den Fortgang des Unterrichts übernimmt.

§6 Verlassen einer Station
Jede Station wird so verlassen, wie sie angetroffen wurde. Die Idee ist, dass jeder neu Hinzukommende selbst haptisch konstruieren kann. Soll beispielsweise die Höhe einer quadratischen Pyramide berechnet werden, dann ergibt es Sinn, dass der Lernende diese auch selbst aufbauen kann und kein fertiges Objekt erhält.

§7 Pausen außerhalb des Klassenzimmers
Die Lernenden können sich ihre Pausen selbst einteilen. Da alle zu unterschiedlichen Zeiten mit einer Aufgabe oder Teilaufgabe fertig sind, finden die Pausen entsprechend individuell statt. Die einzige Bedingung ist, dass, wer nicht arbeitet, das Klassenzimmer verlässt. Damit sind Pausenraum und Arbeitsraum räumlich getrennt und es herrscht eine entsprechende Arbeitsatmosphäre.

§8 Artet das Stationenlernen in ein Chaos aus, so wird abgebrochen.
Im „Normalunterricht" müssen und sollen die Lernenden still auf ihren Plätzen sitzen. Löst man allerdings diese Ordnung auf und dürfen sie sich bewegen, können sie mit der erhaltenen Freiheit mitunter nicht umgehen. Vor diesem Hintergrund ist ein sehr klares Auftreten sinnvoll. Die Lehrkraft sollte innerlich bereit sein für den Moment, um abzubrechen. Läuft das Stationenlernen erst mal, kommt der eigentliche Vorteil heraus: kollektives und kameradschaftliches Arbeiten untereinander.

Der Umgang mit der Strenge ist ein Drahtseilakt: Tritt man zu disziplinarisch auf, vergeht den Lernenden die Lust und Ängste stehen im Vordergrund. Den Schülern sollte erklärt werden, warum die Lehrkraft trotz der offenen Form klarer als sonst im Unterricht auftritt.

§9 Wer Material beschädigt, repariert oder ersetzt es.
Damit wird der Wert des Materials (Stationenkarten, ausgelegtes Material) hervorgehoben. Man lernt leichter mit Dingen, die ansprechend aussehen, die man gern „begreift". Lernen hängt eng mit Ästhetik zusammen.

§10 Jeder Lernende ist für seinen Heftaufschrieb selbst verantwortlich.
Sammeln Sie am Ende des Lernzirkels die Hefte ein und teilen Sie ihren Schülern mit, dass Sie gespannt sind, wie der eigenverantwortliche Aufschrieb geklappt hat. Damit unterstreichen Sie den Wert der eigenen Notation. Entscheidend ist Ihr Interesse; Noten braucht es dafür nicht. Ein stärkeres Konzept als die äußere Überprüfung durch die Lehrkraft ist das folgende systemische Vorgehen.

Systemische Intervention: Heftaufschrieb

Einen eigenen Heftaufschrieb zu erstellen, in dem ich mich auch noch in drei Wochen zurechtfinde, z. B. wenn ich mich auf die Klausur vorbereite, ist nicht einfach und will gelernt werden.

Ein mögliches Vorgehen für die Praxis gelingt mit einer Aufstellungsarbeit[1] zum stärksten oder besten Hefteintrag:

1. Teilen Sie den Schülern vor der Arbeit mit dem Stationenlernen mit, dass bei jeder Station die Erstellung eines Heftaufschriebes gefordert ist, der für Lesende nachvollziehbar und ästhetisch ansprechend ist. Es gibt dafür keine Note, aber zu Beginn der nächsten Doppelstunde werden die Hefteinträge gemeinsam angeschaut und es wird nach Stärken gesucht.
2. In der kommenden Doppelstunde legen alle ihre Hefte aufgeschlagen auf den Tisch. Wenn völlige Stille herrscht, stehen alle auf. Schweigend gehen die Schüler durch den Raum und sehen sich die Aufschriebe ihrer Mitschüler an. Dazu haben sie ca. fünf Minuten Zeit. Die Aufgabe ist, den (subjektiv) besten Heftaufschrieb zu finden. Wer seinen Favoriten gefunden hat, stellt sich zu dem entsprechenden Heft. Und wer mindestens eine konkrete Begründung hat, verschränkt zum Zeichen die Arme. Wenn es schwer ist, *den* stärksten Heftaufschrieb zu finden, dann soll man sich für *einen* stärksten entscheiden. Wenn jeder sich entschieden hat, geht es weiter.
3. Im Allgemeinen verteilt sich die Klasse auf unterschiedliche Hefte. Offensichtlich gibt es nicht den besten Hefteintrag. Das wundert nicht, da bekanntlich Geschmäcker verschie-

1 Aufstellungsarbeit zu fachlichen Themen ist ein sehr starkes unterrichtliches Werkzeug, welches ohne Vorbereitungszeit eingesetzt werden kann. Wenn Sie tiefer einsteigen möchten, werden Sie Freude an dem Buch haben: Martin Kramer: „Aufstellungsarbeit im Klassenzimmer – ein stiller Paradigmenwechsel", Seelze: 2019.

den sind. Allerdings gibt es Strategien, die erfolgsversprechend sind. Die Schüler begründen so konkret wie möglich ihren Standpunkt. Aufgabe der Lehrperson ist es, auf die Exaktheit der Aussagen zu achten. „Allgemeine Wahrheiten“ wie etwa *„Das Heft ist übersichtlich gestaltet“* oder *„Farben wurden sinnvoll eingesetzt“* helfen wenig. Fragen Sie also nach, wodurch das Heft übersichtlich gestaltet oder wo eine Farbe sinnvoll eingesetzt wurde. Am besten zeigt eine Feedback gebende Person mit dem Finger genau auf die Stelle, die sie oder er für gelungen hält.

4. In einem weiteren Schritt wird nach Verbesserungs- und Entwicklungsvorschlägen gefragt. Die Gefahr einer Bloßstellung ist an dieser Stelle unproblematisch, schlichtweg deswegen, weil nur die besten Hefte besprochen wurden. Es ist eine Auszeichnung für den Besitzer, wenn sein Heft von vielen als besonders gelungen angesehen wird.

Der Fokus soll in der Übung wieder und wieder darauf gerichtet werden, dass es darum geht, einen für sich persönlich und individuellen besten Heftaufschrieb herstellen zu können. Die anderen Hefteinträge zeigen Möglichkeiten auf, aber jeder entscheidet für sich selbst, was für einen selbst gut und richtig ist.

Didaktische Bemerkungen

- Die Schüler erleben, dass es nicht den besten Heftaufschrieb gibt. Es geht um Individualisierung, um Subjektivität. Häufig gibt es in der Schule scheinbar die „richtige Lösung“ oder „die beste Arbeit“.
- Die Übung ist stärkenorientiert. Es wird das Gelungene analysiert und betrachtet und nicht das Misslungene. In Klassenarbeiten wird üblicherweise das Defizit rot angestrichen. Hintergrund der Stärkenorientierung ist, dass das in den Fokus rückt, mit dem weitergearbeitet werden soll. In Schritt 4 wird aufgezeigt, dass das Ziel eines perfekten Heftaufschriebes nie erreicht werden kann. Der Heftaufschrieb ist eine Kunst und wie bei jeder Kunst geht es immer weiter, gibt es stets Entwicklung.
- Bitte führen Sie die Übung nicht unter „verkehrtem Vorzeichen“ durch, etwa dass die Schüler nach dem schlechtesten Heft Ausschau halten. Das hätte Bloßstellung und Verletzung zur Folge und ist „schwarze Pädagogik“.
- Es ist sehr wichtig, dass vor dem Aufschrieb klargestellt wird, dass dieser später öffentlich gemacht wird. Ein Heftaufschrieb ist etwas sehr Persönliches. Ebenso soll vereinbart werden, ob im Heft geblättert werden darf oder nicht. Empfohlen wird, dass beim ersten Durchlauf nicht geblättert wird. Die Schüler können sogar in ihrem Heft Flächen abdecken, die sie nicht zeigen möchten.
- Es ist gut, wenn die Übung regelmäßig durchgeführt wird. Beim nächsten Mal kann man Gesehenes umsetzen. Die zeitlichen Abstände können mit der Zeit größer werden.

1.7 Durchführung

Für den Fortgang des Unterrichts brauchen Sie jetzt nicht mehr zu sorgen. Der Unterricht ist ab jetzt ein Selbstläufer. Sie haben die Möglichkeiten, zu beobachten oder sich um sehr schnelle oder langsame Schüler zu kümmern. Im ersten Moment kann sich das seltsam anfühlen, wenn der Unterricht Sie nicht mehr „braucht“. Nach kurzer Zeit werden Sie großen Gefallen an der neuen Rolle finden.

Nehmen Sie sich ab und an komplett aus dem Unterrichtsgeschehen heraus und beobachten Sie die Szene von außen. Es ist ein Blick, den Sie im „normalen“ Unterricht nicht haben.

1.8 Vertiefung und Verortung

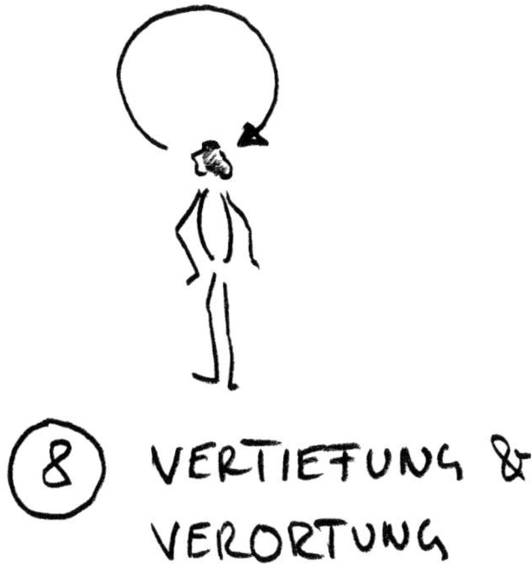

Vorgestellt werden fünf Möglichkeiten zur Nachbereitung. Alle orientieren sich an einer systemischen Didaktik, insbesondere nehmen Schüler unübliche Rollen ein.

Selbsteinschätzung

Nach Abschluss des Stationenlernens schätzen die Lernenden sich selbst anhand eines Kompetenzrasters (Material Selbsteinschätzungsbogen, S. 59) ein. Anschließend erteilen sie sich selbst eine Note. Die Selbsteinschätzung ist eine Selbstreflexion und braucht niemandem gezeigt zu werden. Es ist sinnvoll, die Selbsteinschätzung vor der Fremdeinschätzung durchzuführen.

Hintergrund
Ein Test (äußere Lernzielkontrolle) wird von Schülern häufig als „wahrer" oder „richtiger" empfunden als die eigene innere Wahrnehmung. Das liegt vor allem daran, dass sie an Klassenarbeiten und Tests als Standardverfahren zur Leistungskontrolle gewöhnt sind. Die innere Wahrnehmung ist meist wenig geschult. Systemisch betrachtet ist jedoch weder die Fremd- noch die Selbsteinschätzung „richtiger", vielmehr handelt es sich um zwei verschiedene Perspektiven. Es geht also nicht darum, sich für den folgenden Test „richtig" einzuschätzen. Häufig sitzen gute Mathematiker in einer Klasse, die in Tests nicht besonders gut abschneiden. Andersherum gibt es Schüler, die schlichtweg wissen, wie man bei einem Test gut abschneidet, obwohl sie trotz guter Ergebnisse nicht sehr tief in mathematisches Denken eingedrungen sind. Selbst- und Fremdeinschätzung sind schlichtweg zwei Wahrheiten.

Fremdeinschätzung (Test)

Der Test (Kapitel 4, S. 60) orientiert sich an den Pflichtstationen bzw. an den Kompetenzen im Selbsteinschätzungstest. Er wird klassisch durchgeführt. Die Zeitvorgabe beträgt je nach Klasse zwischen 15–20 Minuten.

Vom Prüfling zum Prüfer
Anschließend werden die Tests zur Korrektur (Hausaufgabe) ausgetauscht. Dabei sucht sich jeder Schüler einen möglichst „fremden" Mitschüler aus, d. h. jemanden, mit dem er ansonsten eher wenig zu tun hat. Korrigiert wird mithilfe eines Lösungsvorschlages (Kapitel 4, S. 61) zu Hause. Dieser kann entweder als Kopie mitgegeben oder auf eine digitale Plattform gestellt werden. Die Prüfer errechnen die Gesamtpunktzahl und unterschreiben mit ihrem Namen. Stellen Sie klar, dass keine „dummen Sprüche" unter den Test geschrieben werden. Probleme bei der Korrektur werden in der Folgestunde gemeinsam besprochen.

Hintergrund
Die Lernenden wechseln mit der Korrektur in die Rolle des Prüfers. Dabei fühlen sie sich in die neue Rolle ein, indem sie sich überlegen müssen, wie viele Punkte und Teilpunkte sie für eine Aufgabe geben. Was genügt zur Lösung? Ist der Lösungsweg ausreichend, wie stark wird er bewertet? Was zählt ein Ansatzfehler, was ein Denkfehler? Wie reagiere ich als Korrektor auf Unlesbarkeit, wie bei zwei Lösungsvorschlägen?

Es ist nicht einfach, ein Prüfer zu sein. Dieselben Aufgaben werden von einem anderen Standpunkt aus gesehen. Vielleicht schätzen die Lernenden hinterher Ihre Korrektur mehr. Weiter lernen die Schülerinnen und Schüler, dass es keine objektiv richtigen Noten gibt, sondern dass diese vom Korrektor mit abhängen. In der erweiterten Übung „Schülerinnen und Schüler erstellen die Klassenarbeit" (S. 24) wird zusätzlich deutlich, dass die Aufgaben an sich nicht objektiv ausgewählt werden können. Stets gibt es eine Person oder ein Gremium, die bzw. das Aufgaben auswählt oder korrigiert.

Aufstellung zu fachlichen Themen

Diese Übung vertieft die vorherige. Die Lehrperson wartet auf Stille und stellt die Frage: „An welcher Station hast du am meisten gelernt?" Wieder herrscht Stille, jeder beantwortet für sich die Frage, indem er zu der entsprechenden Station hingeht. Im Anschluss fragt die Lehrkraft, was *genau* jeweils gelernt wurde. Fragen Sie nach! Die Antworten sollen, wie beim Heftaufschrieb (S. 17), so exakt wie möglich gegeben werden; „allgemeine Wahrheiten" bringen nichts.

Mit dieser Form der Aufstellungsarbeit kann weiter reflektiert werden. Interessante Fragen sind:

- „Welche Station ist am lehrreichsten?"
- „Wenn man eine Station weglassen müsste, welche sollte das sein und warum?"
- „Fehlt eine Station? Gibt es eine weitere interessante oder sinnvolle Station, welche noch nicht existiert?"

Sowohl Sie als auch die Schüler können Fragen stellen. Zwei bis drei Aufstellungen genügen.

Hintergrund

Die Schüler schlüpfen erneut in eine andere Rolle. Beim Test haben sie Aufgaben gelöst und sich gegenseitig korrigiert. Hier waren sie Prüflinge und Prüfer. In dieser Übung wechseln die Lernenden in die Rolle eines Teilnehmenden einer Prüfungskommission und betrachten die Aufgaben aus einer Metaebene heraus.

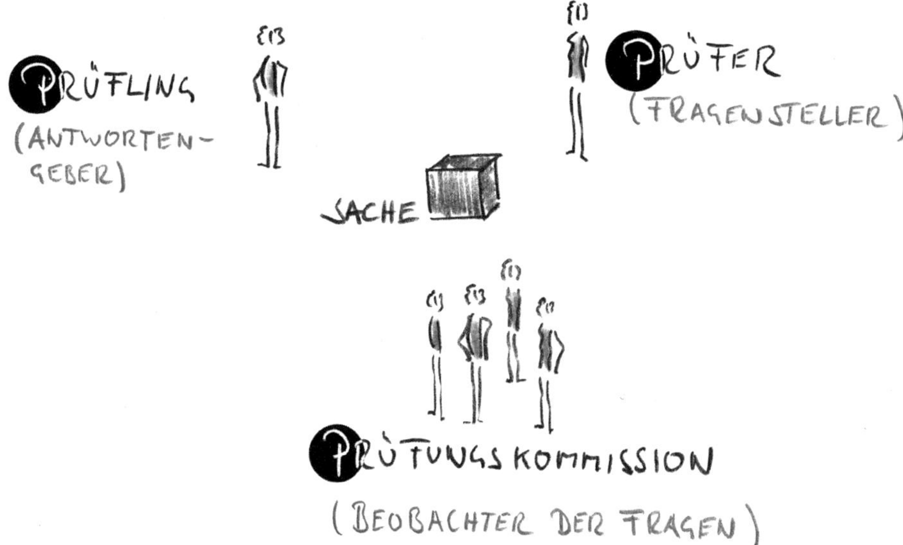

Insgesamt durchleben die Lernenden das Thema in drei verschiedenen Perspektiven: als Prüfling, als Prüfer und als Teilnehmer einer Prüfungskommission.[2]

2 Das PPP-Prinzips (dreifacher Perspektivenwechsel: Prüfling, Prüfer, Prüfungskommission) ist ein sehr starkes Werkzeug zur Gestaltung unterrichtlicher Kommunikation. Eine ausführliche Darstellung finden Sie bei Martin Kramer: „Teamwork, Empathie, unabhängiges Denken", erschienen bei Klett Kallmeyer 2021.

Landkarte des Wissens

Die Technik wird auch „Mapping“ oder „Clustering“ genannt und dient dem Vernetzen von Wissen. Der Fokus liegt nicht auf den einzelnen Wissensbausteinen, sondern auf deren Bezügen untereinander. Das Neugelernte, wie auch bekanntes Wissen, wird auf diese Weise vernetzt und „verortet“.

Eine Landkarte besteht aus Hauptstädten und kleineren Orten, Verbindungsstraßen und Querverbindungen. Eine ähnliche Landkarte soll für das Wissen erstellt werden. Welche Themen liegen nahe beieinander, welche Stationsaufgaben gehören zusammen, wo gibt es Verbindungen?

Diese Lerntechnik ist ebenso bei komplexeren Prüfungen und Stoffgebieten sehr sinnvoll. Die folgende Abbildung zeigt die Landkarte einer Studentin aus einer Didaktikvorlesung.

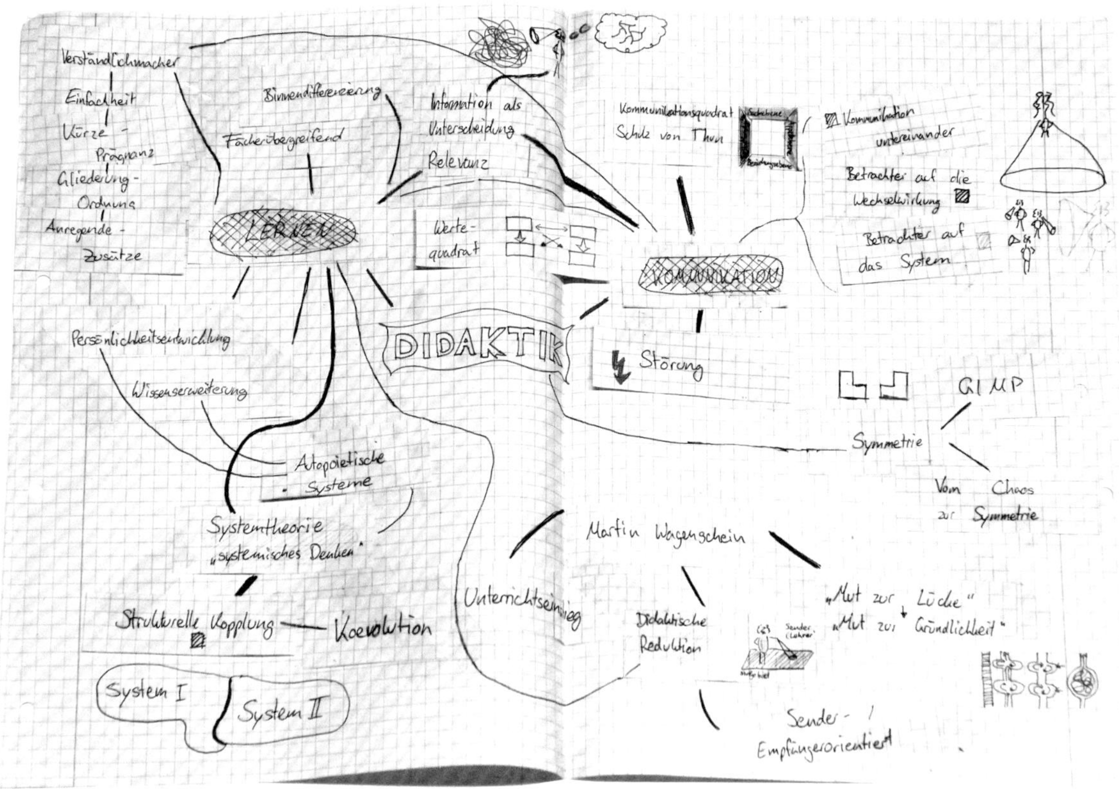

Bausteine bzw. „Städte“ für die Landkarte *Rechnen mit Größen* finden sich auf einem DIN-A4-Blatt zum Ausschneiden (Kapitel 4, S. 58). Bewusst sind nicht alle Bausteine ausgefüllt, sodass eigene von den Lernenden hinzugefügt werden können und sollen. Beziehungen zwischen einzelnen Orten (Karten) werden durch räumliche Nähe oder durch Pfeile (oder veränderbar durch Bleistifte) hergestellt.

Beschrieben ist das Mapping bisher als Einzelaufgabe; es eignet sich in dieser Form als Hausaufgabe. (Soll diese fixiert werden, kleben die Schüler die Landkarte auf eine Doppelseite ins Heft.)

Mapping als Kleingruppenaufgabe
Die Aufgabe, eine Landkarte des Wissens zu erstellen, kann zusätzlich in der Kleingruppe (drei bis vier Personen) sehr sinnvoll erweitert werden. Jede teilnehmende Person wählt dabei fünf ihrer wichtigsten „Städte“ aus bzw. schreibt diese auf Karten. Reihum werden diese ausgespielt. Wer dran ist, ordnet alle bereits liegenden Karten neu an und fügt anschließend eine eigene Karte hinzu. Mit der Regel, dass nicht mehr als 12 Karten gelegt werden dürfen, bleibt die Übersicht erhalten. Wer die Karte Nr. 13 legt, muss eine zur Seite legen.

Die Lernenden befinden sich in einer paradoxen Situation: Die Verortung und Strukturierung des Wissens ist höchst individuell. Jeder in der Kleingruppe hat entsprechend eine andere Landkarte im Kopf. Das lässt sich leicht überprüfen, wenn die Landkarten als Hausaufgabe gestellt werden: Es wird ohne Absprache keine zwei identischen Landkarten geben. Trotzdem soll in der Gruppe um eine gemeinsame Landkarte, also um eine gemeinsame Sichtweise, gerungen werden. Hier geht es nicht um die „richtige“ Landkarte, sondern um den Austausch von Argumenten, warum ich die Inhalte gerade so und nicht anders verorte. Es ist eine sehr gute Möglichkeit, um über Mathematik zu sprechen.

Hinweis
Das Materialblatt vereinfacht die Anwendung und wird öfters und zu anderen Themen strukturiert. Ist die Vorgehensweise bekannt, ist es sinnvoller, wenn die Lernenden die Bausteine für ihre Landkarte selbst entwerfen. Beispielsweise können selbst geschriebene Karteikarten als Landkarte ausgelegt werden.

Noch mehr Eigenverantwortlichkeit: Schülerinnen und Schüler erstellen eine Klassenarbeit
Sie können zusammen mit Ihrer Klasse noch einen Schritt weitergehen und die Klassenarbeit gemeinsam entwerfen. Diese muss nicht durch die Lehrperson fremdbestimmt sein. Die Lernenden können eigenständig Aufgaben entwerfen, wo Sie als Lehrperson anschließend die Struktur übernehmen. Schlussendlich besteht die „kommunikative Klassenarbeit“ zu ca. 70 % – 80 % von den Lernenden und, damit ein Transfer möglich wird, 20 % – 30 % aus Ihrer Feder. Sie erhalten durch die Arbeit der Lernenden einen klaren Einblick in deren Denkweise. Die Lernenden sind von der Vorgehensweise meist sehr angetan. Nicht weil sie es sich leichtmachen wollen, im Gegenteil, sondern weil sie mitspielen dürfen.[3]

1.9 Ein letzter Hinweis zur Umsetzung

Lassen Sie sich Zeit. Offene Unterrichtsformen, die eigenverantwortliches Arbeiten fordern und fördern, die Lernende in den Mittelpunkt stellen, ihnen subjektive Entscheidungen ermöglichen, sind eine große Herausforderung. Aus einem sozialpädagogischen Blickwinkel ist selbstorganisierendes Lernen für viele Neuland. Jedoch können Lernende mehr, als nur von der Tafel abzuschreiben oder Lückentexte auszufüllen. Sie können konstruieren, sie können sich ihre eigene mathematische Vorstellungswelt erschaffen und dabei Selbstwirksamkeit erfahren. Diese Erfahrung ist eines der wichtigsten Bildungsziele überhaupt.

3 Die genaue Vorgehensweise ist ausführlich in Martin Kramer: „Teamwork, Empathie, unabhängiges Denken“, Hannover: 2021 beschrieben.

2 Didaktik

Das vorliegende Material ist Ausdruck einer Haltung dem Lernen und den Lernenden gegenüber. Dieses Kapitel gibt einen Einblick über die zugrunde liegende systemisch-konstruktivistische Didaktik.

2.1 Wie soll gelehrt werden, damit gelernt werden kann?

Der Schüler entscheidet, was gelehrt wurde
Aus heutiger Sicht kann man Menschen, in einem direkt-kausalen Sinne, nichts beibringen. Eine direkte Schnittstelle zwischen Mensch und Wissensgebiet existiert nicht, alles Denken wird prinzipiell eigenständig konstruiert. Das ist eine Eigenart von autopoietischen (= selbsterschaffenden) Systemen, wie dem Bewusstseinssystem. Technische Systeme sind von ganz anderer Natur. Dort können Daten verabreicht, eingefügt, vervielfältigt und kopiert werden.

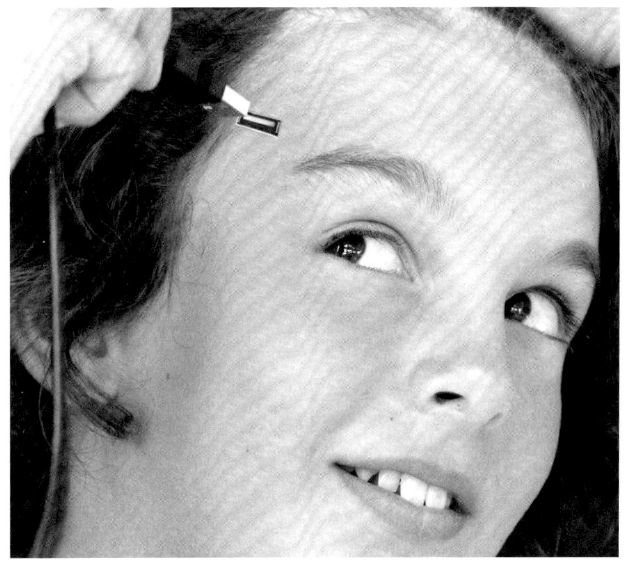

Lernen zu ermöglichen ist keine technische Sache: Wir können unser Gehirn nicht „hochfahren“ oder etwas „down- oder uploaden“. Mit den Worten von Ulrich Herrmann[4]:

> „Das Gehirn ist kein Datenspeicher, sondern ein Datengenerator durch die autonome Organisation der Speicherung und Verknüpfung von Informationen und der Konstruktion von deren Bedeutungen.“ [5]

Die Möglichkeit einer direkten Vermittlung oder Übertragung von Stoff oder Schulwissen gibt es nicht. Eine etwaige maschinelle Vermittlung von Unterrichtsinhalten im Sinne einer Input-Output-Relation ist unbrauchbar. Friedemann Schulz von Thun[6] spricht in diesem Zusammenhang vom „Machwerk des Empfängers“:

> „Die ankommende Nachricht ist ein Machwerk des Empfängers. [...] Im Unterschied zu Paketen, die mit der Post ankommen, ist der empfangene Inhalt [...] nicht gleich dem abgesendeten Inhalt.“ [7]

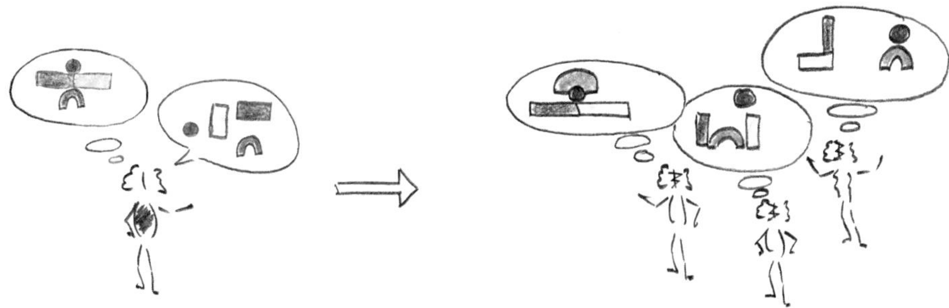

4 Prof. Dr. Ulrich Herrmann war Professor für Allgemeine und Historische Pädagogik in Tübingen und Professor für Schulpädagogik an der Universität Ulm.
5 Ulrich Herrmann: *Neurodidaktik* (2. Aufl.). Weinheim und Basel: 2009 Beltz
6 Prof. Dr. Schulz von Thun ist Psychologe und Kommunikationswissenschaftler in Hamburg. Bekannt geworden ist er vor allem durch sein Kommunikationsquadrat bzw. durch sein Vier-Ohren-Modell.
7 Friedemann Schulz von Thun: *Miteinander Reden*, Bd. 1. (48. Aufl.) Hamburg: 2010 Reinbek, S. 61

Niklas Luhmann[8] wird noch deutlicher:

> „Die Übertragungsmetapher ist unbrauchbar, weil sie zu viel Ontologie impliziert. Sie suggeriert, dass der Absender etwas übergibt, was der Empfänger erhält. [...]. Die Übertragungsmetapher legt das Wesentliche der Kommunikation in den Akt der Übertragung, in die Mitteilung. Sie lenkt die Aufmerksamkeit und die Geschicklichkeitsanforderungen auf den Mitteilenden. Die Mitteilung ist aber nichts weiter als ein Selektionsvorschlag, eine Anregung."[9]

Um einem Irrtum vorauszueilen: Dass der Schüler (= Empfänger) darüber entscheidet, was gelehrt wurde, bedeutet nicht, dass die Darstellung der Lehrperson (= Sender) nicht wesentlich ist. Das radikale an diesem Ansatz ist, dass Lernen als ein aktiver Prozess verstanden wird, der Lernende ist der Gestalter seines Wissens. Er, der Empfänger, ist der Aktive.

Indirektes Lehren: Lernumgebungen gestalten

Da Wissen nicht direkt verabreicht werden kann, rückt an die Stelle des „Trichters" (der direkten Vermittlung) die Lernumgebung (indirekte Vermittlung).

Keine Lehrperson kann sicherstellen, dass das gelernt wird, was gelernt werden soll. Aber es lassen sich Wahrscheinlichkeiten für Lernprozesse erhöhen. Diese werden erhöht durch eine ansprechende Gestaltung und durch eine geeignete Struktur und Übersicht.

Passgenaues Lernen durch den Lernenden

Das Gestalten von Lernumgebungen ist nicht einfach eine andere Technik des Unterrichtens. Lernen wird völlig anders konzeptualisiert als in einem klassischen Unterrichtsverständnis. Der Lernende ist hier viel stärker gefordert. Da der Aufbau von Wissen ausschließlich (!) ein autonomer Prozess ist, besteht die Idee darin, dass der Lernende selbst am besten entscheiden kann, was und wie er lernt. Keine Lehrperson, kein Lernprogramm kann so individuell und so passgenau das effektivste Vorgehen verordnen wie der Lernende selbst. Das ist ein radikaler Ansatz. Es benötigt den Glauben, dass das Bewusstseinssystem des Lernenden das Richtige für seine Entwicklung tun wird.

Damit dies geschehen kann, damit in Freiheit gelernt werden kann, braucht es eine klare Struktur. Die Lernenden „einfach machen zu lassen" ist ein falsch verstandener systemischer Ansatz. Es gilt, genau hinzuschauen. Es geht nicht um Willkür, etwa in dem Sinne, dass der Schüler „machen kann, was er will" und sich z. B. Vermeidungsstrategien hingibt. Der Rahmen (die Struktur) ist durch das Thema des Mathematikunterrichtes vorgegeben, aber innerhalb dieses Rahmens kann sich der Schüler frei bewegen. Das ist die Idee der vorbereiteten Umgebung bzw. des hier vorliegenden Aufgabenangebotes.

2.2 Vorbereitete Lernumgebungen

Wie sollten Lernumgebungen gestaltet werden? Was ist die Lösung?

1. Braucht es mehr *Freiheit* oder mehr *Struktur* im Klassenraum?
2. Ist *Handeln und Erleben* oder die *Abstraktion* der Königsweg?
3. Geht es beim Lernen um *Inhalte* oder um ein *soziales Miteinander*?

Es gibt keine einfache Lösung: Beide Seiten stehen für Qualitäten, die für sich gesehen jeweils „richtig" sind. Das Verständnis dieser drei grundlegenden Paradoxien sind für die Gestaltung von Lernumgebungen wesentlich. Die Lösung des Paradoxen liegt nicht in der Negierung der einen Qualität, sondern in der Entfaltung des Paradoxen.

Freiheit und Struktur – das Spiel ernst nehmen

Lernfreiheit ist wichtig. Um eigenverantwortlich gestalten zu können, benötigt der Schüler die Möglichkeit, eigene Wege zu gehen. Er weiß am besten, was er gerade lernen kann. Auch für die Lehrkraft ist die Entscheidungsfreiheit des Lernenden wichtig: In dem freien Handeln gibt der Schüler Informationen über sich preis, an denen die Lehrperson erkennen kann, wo der Schüler gerade steht.

8 Niklas Luhmann (1927–1998) ist der wichtigste deutschsprachige Vertreter der soziologischen Systemtheorie und der Soziokybernetik.

9 Niklas Luhmann: *Soziale Systeme. Grundriß einer allgemeinen Theorie (15. Aufl.).* Frankfurt a. M.: 2012 Suhrkamp, S. 193

Auf der anderen Seite braucht es eine klare Struktur, ansonsten wird Freiheit zu Chaos. In der Beliebigkeit gibt es keine freie Entscheidung, da es keine Struktur gibt, in der eine bestimmte Entscheidung einen Unterschied macht und somit an Bedeutung gewinnt. Struktur und Freiheit bedingen und ermöglichen sich gegenseitig.

Wo gibt es ein Nebeneinander von Freiheit und Struktur? Im Spiel ist die Antwort grundlegend. Das Spiel überwindet das Paradoxe: Keine Regel ist strenger als die Spielregel. Man denke etwa an die Regeln beim Schach. Gerade dadurch, dass es einen Unterschied macht, ob eine Figur sich auf diesem oder jenem Feld befindet, entsteht ein unvorstellbarer Möglichkeitsraum, in dem sich die Spielenden frei entfalten können. Kurz: Wir müssen das Spiel für den Unterricht ernst nehmen. Das Spiel ist keine Spielerei. Es ist ein geniales Lernkonzept.

Umsetzung in der Lernumgebung

Die vorliegende Lernumgebung gibt durch das Angebot an Aufgaben eine klare Struktur vor. Der Schüler kann frei wählen, welche Aufgaben er in welcher Reihenfolge und in welcher Zeit erledigt. Wie in einem Schachspiel kann er die Felder nicht wählen, aber seine Züge bzw. seinen Weg.

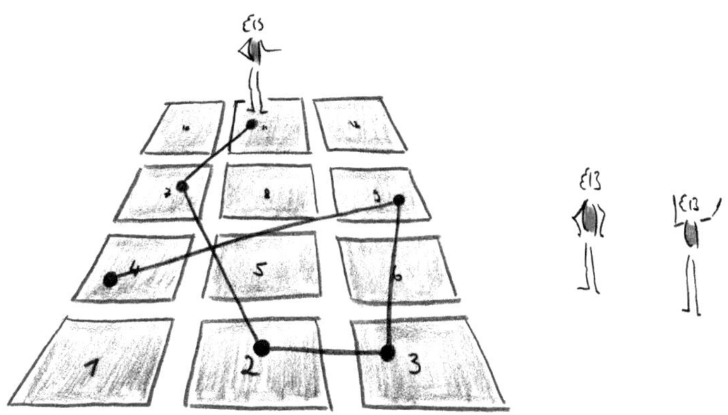

Auf diese Weise treffen sich Schüler, die dieselbe Aufgabe bearbeiten möchten, an derselben Stelle. Das Interesse ist ortskodiert. Man beachte: Jeder Lernende geht seinen eigenen Weg und trifft am Ort des Lernens Gleichgesinnte. Dieser Vorteil wird durch Freiheit und Struktur erst ermöglicht.

Weiter erhält der Schüler ein Übersichtsblatt über die verschiedenen Aufgaben. Auch dieses gibt eine Struktur vor.

Geist und Körper – Begreifen durch Begreifen

Das menschliche Bewusstsein ist ein autonomes System. Alles Denken wird mittels interner Strukturen erzeugt. Ebenso ist der menschliche Körper autonom. Beide autopoietischen Systeme entsprechen einander, jedoch lässt sich anhand des Körpers die Autonomie anschaulich „begreifen“: Der Körper braucht notwendigerweise Nahrung, um sich entwickeln zu können. Das ist offensichtlich eine Voraussetzung für das Wachstum. Jedoch ist der Mensch nicht das, was er isst. Eine Spaghetti wird im Körper nicht einfach „eingebaut“. Sie wird verdaut und die innere Struktur entscheidet darüber, was mit den Inhaltsstoffen geschieht. Anders formuliert: Eine Spaghetti bleibt im Körper keine Spaghetti. Das meiste wird sogar ausgeschieden und von dem, was beim Verdauungsprozess aufgenommen wird, „weiß“ der Körper selbst, wie er damit seinen Körper aufbaut.

Ebenso verhält es sich mit der geistigen Nahrung. Es braucht eine Anregung von außen, aber was an welcher Stelle gelernt wird, wird durch einen internen „Verdauungsprozess“ und autonom entschieden. Keine Lehrkraft kann sicherstellen, dass das Umrechnen von Einheiten „drin bleibt“. Auch dieses wird verdaut, umgebaut, sodass es für die innere Systemlogik zur Verfügung steht. In jedem Kopf ist das Umrechnen anders repräsentiert, in jedem Gehirn feuern andere Neuronen, um das Gelernte abzurufen. Bildung ist ein höchst individueller Prozess.

Gegenseitige Anregung
Die Systeme – Geist und Körper – regen sich gegenseitig an. Der Geist ist die Umgebung des Körpers und der Körper die Umgebung des Geistes.

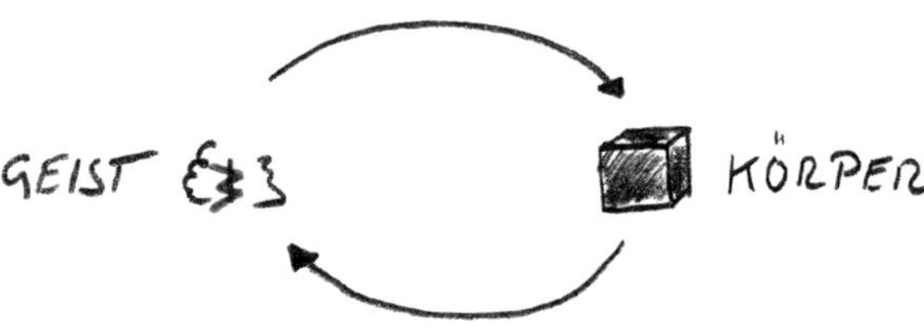

Das entspricht einem gehirngerechten Lernen. Unser Gehirn operiert sowohl formal und abstrakt als auch bildhaft, aktiv und kreativ.

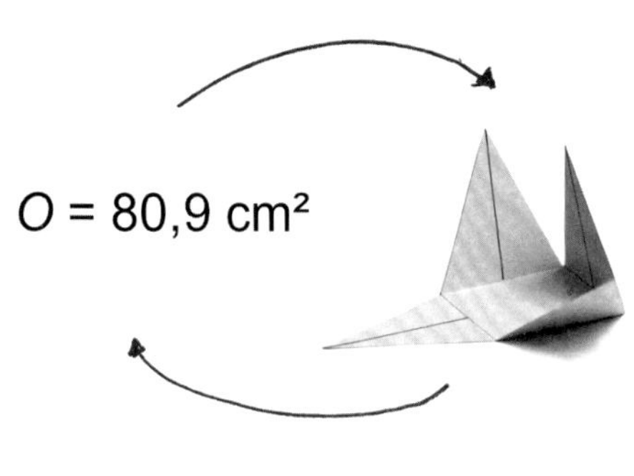

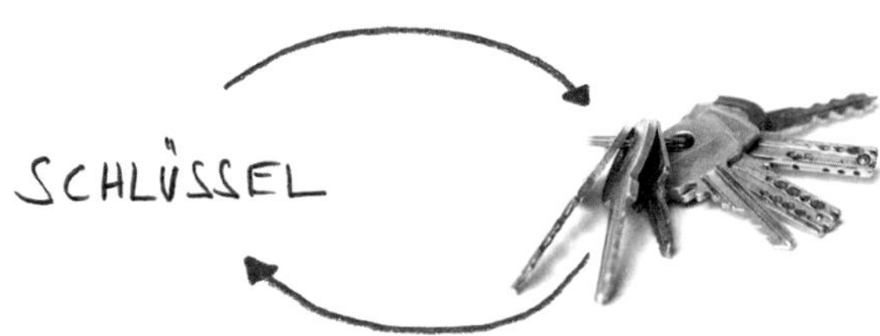

Umsetzung in der Lernumgebung
Alle Aufgabenangebote besitzen ein handlungsorientiertes Element. Entweder liegt ein Gegenstand der Aufgabe bei oder es wird eine soziale Interaktion angeregt.

Ein Beispiel: Wie hoch ist die Wahrscheinlichkeit, bei einem Bund mit sieben Schlüsseln mehr als zwei Versuche zu benötigen? Liegt der Aufgabe ein entsprechender Schlüsselbund bei, dann wird dieser zum Denken verwendet. Es handelt sich daher um eine andere Aufgabe, als wenn nur ein Text gelesen wird. Die Umgebung (Gegenstand und/oder soziale Interaktion) macht den Unterschied. Durch eine Box können die Materialien zusammen mit den Aufgaben aufbewahrt werden. Somit ist die vorbereitete Lernumgebung direkt einsetzbar.

Fachlichkeit und Beziehungsaspekt

Kennen Sie die *Sendung mit der Maus*? Bei der Herstellung von Sachbeiträgen ist die erste und grundlegende Idee zu unterhalten. Der gesendete Sachbeitrag hat gar keine andere Möglichkeit. Soll die *Sache* etwas bewegen, muss sie angeschaut werden, und wenn kein Unterhaltungswert da ist, wird abgeschaltet. Bei einer anspruchsvollen Unterhaltung geht es nicht ums Konsumieren, es geht darum, dass die Sache in Beziehung mit mir steht. Wer spürt, dass die Sache etwas mit ihm zu tun hat, bleibt bei der Sache. Ansonsten wird abgeschaltet – sei es im Unterricht oder bei der *Sendung mit der Maus*.

„Reines Fachwissen", losgelöst von der eigenen Lebenswelt, wird zum trockenen Schulstoff. Für Beziehungen ist häufig der erste Augenblick entscheidend. Daher ist Ästhetik ein wichtiger Aspekt der ersten Begegnung. Dinge, die schön gestaltet sind, sind „ansprechend". Man fühlt sich angezogen und angesprochen. Ästhetik ist keine bloße Ausschmückung, sie entscheidet über den ersten Kontakt, der für das „Begreifen" entscheidend ist.

Umsetzung in der Lernumgebung

- Die Gruppenbildung erfolgt themenzentriert. Wer Interesse an einem bestimmten (sachlichen) Thema hat, trifft auf Gleichgesinnte. Die Schüler begegnen sich (Beziehungsebene) bei einer bestimmten Aufgabe (Sachebene). Viele Übungen, auch wenn sie allein durchführbar sind, zielen auf die gemeinsame Interaktion.
- Mathematikaufgaben sollen unterhalten, und zwar auf anregende Art und Weise. Wer frei eine Aufgabe wählen kann, nimmt die, die ihn am meisten anspricht.
- Wenn ein vorgegebener Schlüssel wie im letzten Abschnitt untersucht wird, dann ist es für mich als Lernender vor allem interessant, wie es sich bei meinem Schlüssel verhält. Natürlich kann ich mit dem Schlüssel der Lehrperson rechnen, aber mein Schlüsselbund hat viel mehr mit mir zu tun. Das zugehörige Experiment ist einfach: Nehmen Sie Ihren eigenen Schlüssel in die Hand. Weil es *Ihr* Schlüssel ist (und nicht „nur" weil sie ihn haptisch begreifen), ist die Aufgabe für Sie bedeutsamer.
  Leider gibt es für den eigenen Schlüssel keine Standardlösung beim Stationenlernen. Daher sind die Lösungsvorschläge in solchen Fällen exemplarisch gehalten.
- Beziehung und Ästhetik sind eng verwandt. Wir greifen nach Dingen, die uns „ansprechen", die ästhetisch wertvoll sind. Achten Sie in diesem Sinne auf die Materialien. Sind diese verschmiert oder zerknittert, sprechen sie den Lernenden nicht mehr an. Was für das Essen gilt, gilt auch für geistige Nahrung. Je ansprechender diese serviert wird, desto besser. In diesem Sinne ist auch die Aufforderung „Alle Dinge, die nicht benötigt werden, verschwinden in die Schultasche!" in erster Linie eine ästhetische Intervention.
  Am Essenstisch liegt ja auch nicht alles Mögliche herum.

3 Stationen

Folgendes Material sollte den Stationen beigelegt werden.
Zwingend notwendige Dinge sind fett gedruckt.

1. **ein Zirkel, eine Schere, Klebeband, Papier**
2. eine Klopapierrolle
3. **eine Schachtel Streichhölzer und Knetmasse**
4. Papier und Schere
5. **Domino** (im Materialteil)
6. eine Kugel oder Knetmasse, um Kugel, Zylinder und Doppelkegel nachzubilden
7. ein kegelförmiges Glas
8. eine Schachtel Streichhölzer und Knetmasse
9. ein Luftballon
10. **eine Schachtel Streichhölzer, eine Stoppuhr**
11. nichts
12. ein Reagenzglas
13. **ein Luftballon**
14. **eine Eineuromünze**

Hinweise

- Es sind in den Aufgaben bewusst Angaben weggelassen worden.
  Die Lernenden sollen fehlende Angaben messen bzw. schätzen.
- Der Schwierigkeitsgrad ist auf den Stationskarten durch den Hintergrund der Stationsnummer farblich kodiert: grün = leicht, gelb = mittel, rot = schwer.
- Station 2: Eine Klorolle passt nicht in die Box. In der Praxis lasse ich die Lernenden eine aus der Toilette holen, stellvertretend kann auch eine Rolle Klebe- oder Kreppband in die Box gelegt werden.
- Station 7: Auch ein Glas ist für die Box ungeschickt. Ich nehme in der Regel aus dem Matheschrank einen Kegel mit, der sich mit Wasser befüllen lässt. Alternativ geht ein in Station 1 gebastelter Kegel.

Übersicht und Laufzettel

Name: ____________________

	Nr.	Name der Station	Status	Ideen hinter den Aufgaben
Pflichtstationen	1	Kegel		
	4	Quadratische Pyramide		
	5	Domino		
	11	Eiskugel auf Kegel		
	14	Ein Euro		
Wahlstationen	2	Klorolle		
	3	Oktaeder		
	6	Kugelnäherung		
	7	Halb gefülltes Glas		
	8	Würfelabschnitt		
	9	Größenänderung		
	10	Drehkörper		
	12	Reagenzglas		
	13	Ein zehntel Quadratmeter		

Vermerke (Status)

○ = angefangen   (leeres Gesicht) = erledigt   ☺ = erledigt, kontrolliert und richtig gelöst

1 Kegel

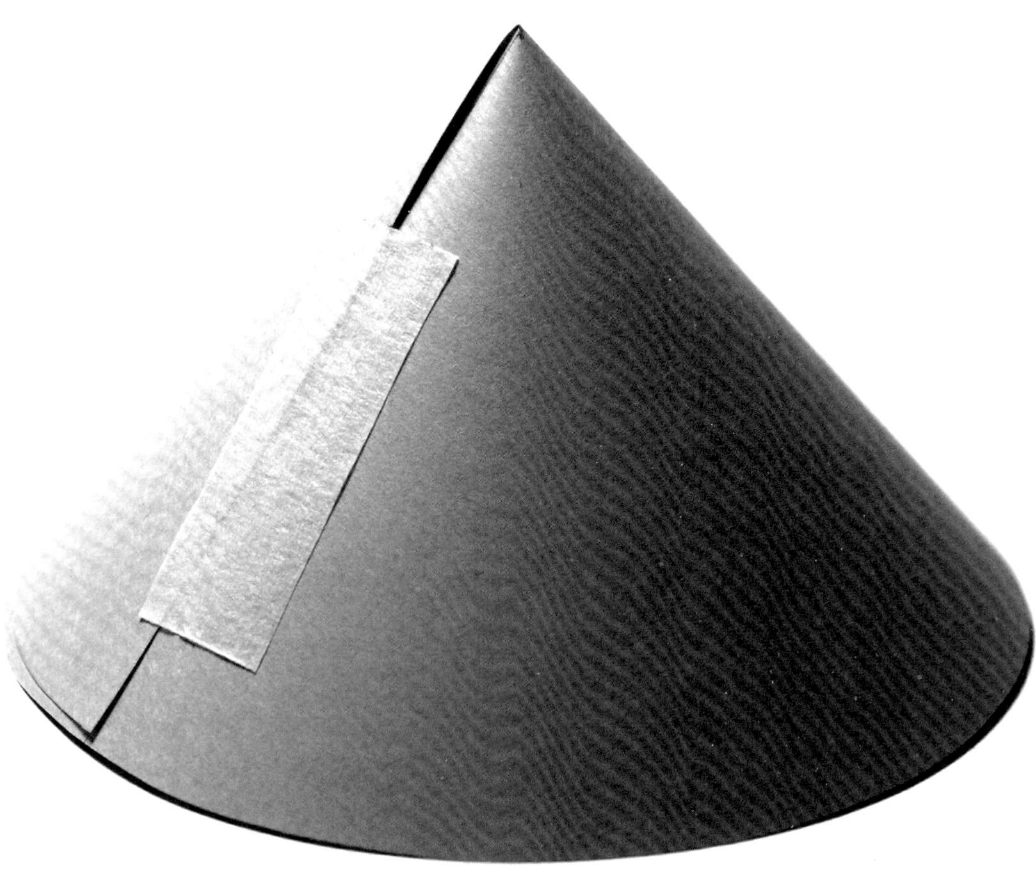

Was ist zu tun?

Bastelt einen Kegel(mantel) mit einem Grundflächenradius r = 6 cm und der Höhe h = 7 cm.

2 Klorolle

Eine neue Rolle Klopapier besteht aus 250 Blatt. Je mehr Papier verbraucht wird, desto kleiner wird die Rolle.

Was ist zu tun?

- Welchen Raum nimmt das Papier einer neuen Klopapierrolle ein?
- Wie viel Blatt Klopapier ist noch auf der Rolle, wenn das aufgewickelte Papier nur noch die halbe Dicke besitzt?

Überlegt euch, welche Größen ihr für die Rechnung braucht; und bestimmt diese. Habt ihr keine Klorolle zur Hand, so versucht zu schätzen.

3

Oktaeder

Ein Oktaeder besteht aus acht gleichseitigen Dreiecken, zwölf Kanten und sechs Ecken.

Was ist zu tun?

Baut ein Oktaeder aus Streichhölzern und Knetmasse nach und berechnet das Volumen dieses Körpers.

4 Quadratische Pyramide

In einen Würfel mit einer Seitenlänge von 5 cm soll eine möglichst große symmetrische, quadratische Pyramide eingebaut werden.

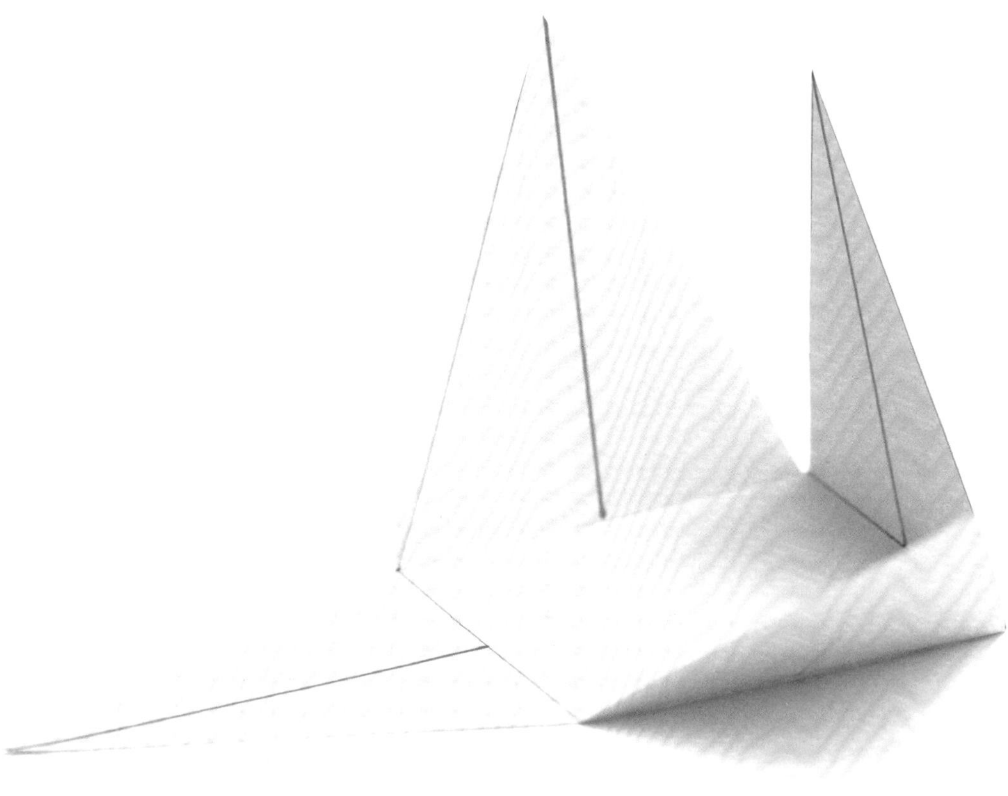

Was ist zu tun?

Bastelt mithilfe von Schere und Papier die größtmögliche Pyramide und bestimmt deren Oberfläche.

5 Domino

Um die Formel richtig anwenden zu können, muss man sie verstehen. Mit $V = \pi r^2 \cdot h$ lässt sich zum Beispiel das Volumen eines Zylinders bestimmen. Aber erst wenn man weiß, dass r der Radius der Grundfläche ist und h die Höhe des Körpers, kann man damit rechnen.

Was ist zu tun?

Ihr sollt hier Dominosteine aneinanderlegen. Auf jedem Stein befinden sich graue Balken: Klettverschlüsse. Wird an diesen angelegt, ergibt sich eine geschlossene Lösungsfigur.

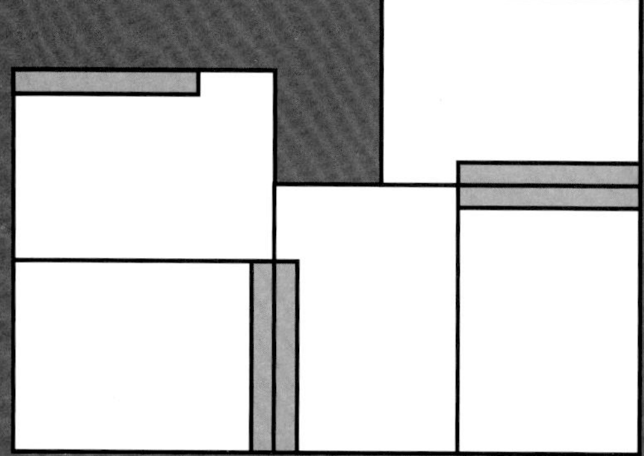

Überlegt euch bei jedem Anlegen, welche Bedeutung die einzelnen Variablen in der entsprechenden Skizze haben.

6 Kugelnäherung

Die Formel für das Volumen einer Kugel lautet: $V = \frac{4}{3}\pi r^3$.

Was ist zu tun?

Eine Glaskugel mit dem Radius *r* soll aus einem Zylinder geschliffen werden.

- Wie groß muss das Zylindervolumen mindestens sein?

Anschließend sollen aus der Kugel zwei möglichst große volumengleiche Kegel gefertigt werden.

- Wie groß ist das Gesamtvolumen der beiden Kegel?
- Vergleicht die drei Volumina miteinander. Was fällt auf?

7 Halb gefülltes Glas

Ein kegelförmiges Sektglas soll zur Hälfte gefüllt werden.

Was ist zu tun?

- Zu welchem Bruchteil ist das Glas gefüllt, wenn „bis zur Hälfte“ auf die Höhe des Kegels bezogen ist?
- Bis zu welchem Bruchteil der Höhe ist einzuschenken, wenn „bis zur Hälfte“ auf den Inhalt bezogen wird?

Bestimmt oder schätzt die Größen ab, die ihr zur Beantwortung braucht. Sind beide Fragen unabhängig von Radius und Höhe des Kegels?

8 Würfelabschnitt

Die blauen Ecken beschreiben
eine Pyramide im Inneren eines Würfels.

Was ist zu tun?

- Findet eine Formel für den Rauminhalt dieser Pyramide.
- Bestimmt rechnerisch ihre Oberfläche.

9 Größenänderung

Ein Luftballon wird mit einem Atemzug aufgeblasen.

Was ist zu tun?

- Wie oft muss noch in den Luftballon geblasen werden, damit sich der Durchmesser verdoppelt?

Schätzt zuerst die erforderlichen Atemzüge ab und versucht, eure Schätzung im Experiment zu bestätigen. Begründet anschließend mathematisch die Anzahl der erforderlichen Atemzüge.

- Könnt ihr eine Aussage über den Oberflächenzuwachs machen?

10 Drehkörper

Lässt man einen Kreis um eine Symmetrieachse rotieren, entsteht als Drehkörper eine Kugel.

Was ist zu tun?

Anstelle eines Kreises wird ein regelmäßiges Sechseck gedreht.
Konstruiert zuerst ein regelmäßiges Sechseck mithilfe von Streichhölzern und berechnet anschließend das Volumen des Drehkörpers, dessen Achse durch zwei gegenüberliegende Ecken verläuft.

11 Eiskugel auf Kegel

Was ist zu tun?

Bestimmt das Volumen des zusammengesetzten Körpers. Der Kugeläquator entspricht der Waffelöffnung. Der Kugeldurchmesser ist die Hälfte der Höhe des Waffelkegels. Dieser beträgt 11,4 cm.

12 Reagenzglas

Der Außendurchmesser eines Reagenzglases beträgt 1,85 cm, die Glasstärke ist 0,5 mm. Das Glas schließt am unteren Ende halbkugelförmig ab. Die gesamte Länge des Glases beträgt 18,0 cm.

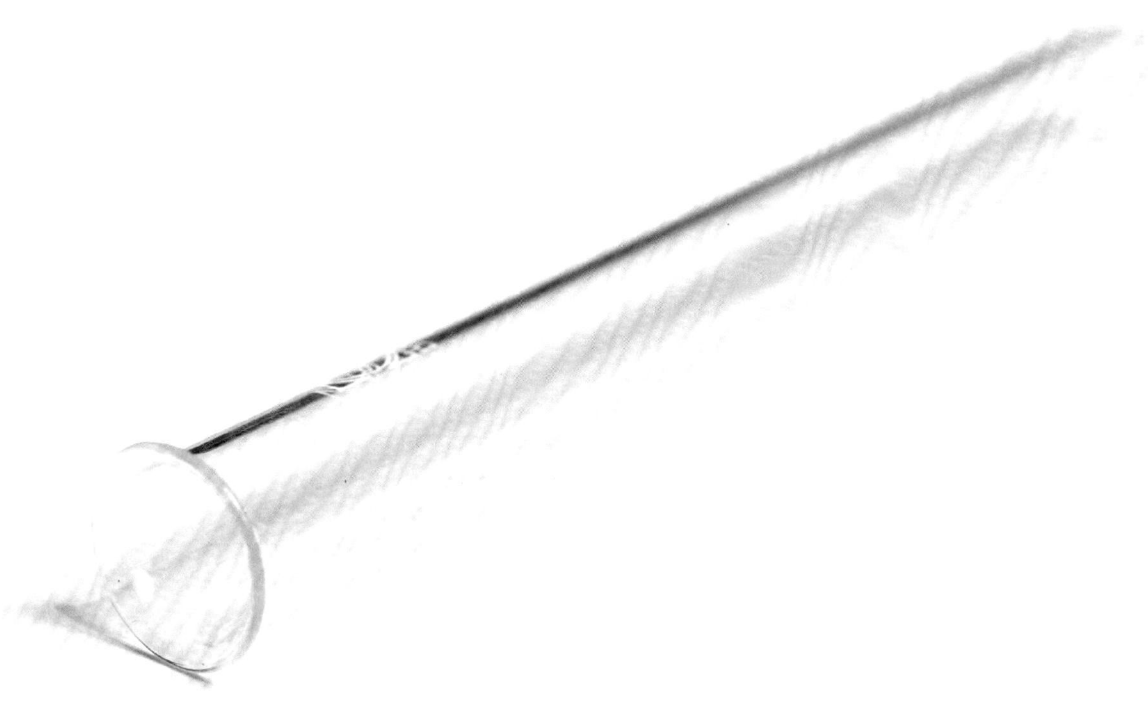

Was ist zu tun?

Berechnet das Füllvolumen des Reagenzglases.

1 Kegel – Lösung

Bastelt einen Kegel(mantel) mit einem Grundflächenradius $r = 6$ cm und der Höhe $h = 7$ cm.

Lösungsvorschlag:

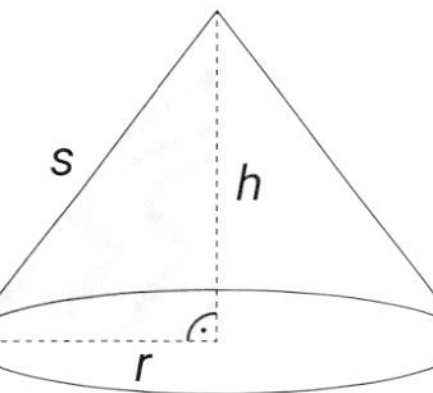

Es gilt für die Mantellinie s:
$s^2 = h^2 + r^2 = 7^2 + 6^2$

$s = \sqrt{h^2 + r^2} = \sqrt{7^2 + 6^2} \approx 9{,}22$

Um den Kegel basteln zu können, ist zuerst ein Kreis mit dem Radius $s = 9{,}22$ cm zu zeichnen. Als nächsten Schritt ist der Winkel α des Kreisausschnittes zu berechnen:
Die Bogenlänge des Kreisausschnitts ist gleich dem Umfang der Grundfläche.
Es gilt also: $b = 2\pi r = 2\pi \cdot 6 = 12\pi$.
Für b gilt außerdem: $b = \frac{\alpha}{360°} \cdot 2\pi s$.
Aufgelöst nach α ergibt sich:
$\alpha \cdot 2\pi s = 360° \cdot b$

$\alpha = \frac{360° \cdot b}{2\pi s}$

$\alpha = \frac{360° \cdot (2\pi r)}{2\pi s} = 360° \cdot \frac{6}{9{,}22} \approx 234{,}3°$

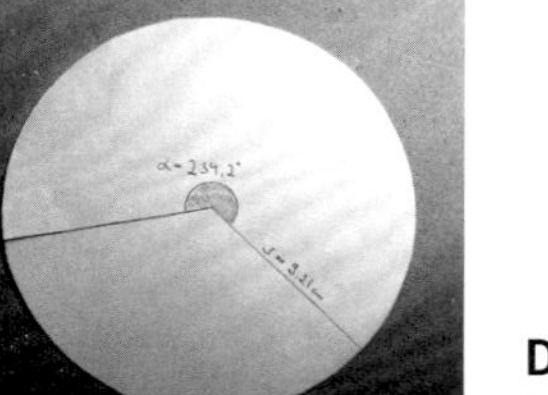

Die Winkelweite des Kreisausschnitts beträgt ca. 234°.

2 Klorolle – Lösung

Welchen Raum nimmt das Papier einer neuen Klopapierrolle ein?
Wie viel Blatt Klopapier ist noch auf der Rolle, wenn das aufgewickelte Papier nur noch die halbe Dicke besitzt?

Lösungsvorschlag:
Typische Abmessungen in der Skizze:

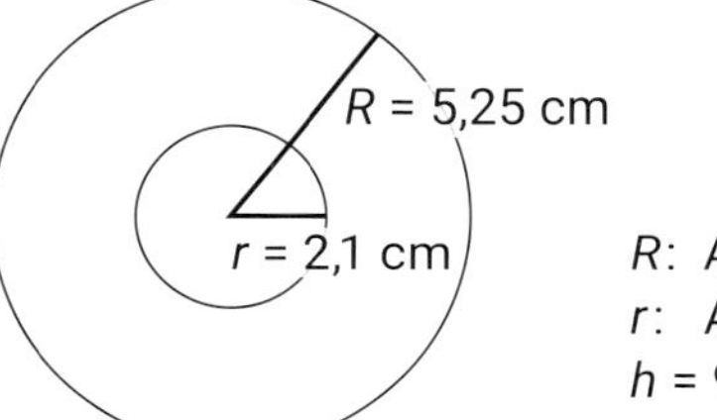

R: Außendurchmesser
r: Außendurchmesser der Papprolle
$h = 9{,}7$ cm

Das Volumen des Papiers ergibt sich als Differenz zweier Zylindervolumina:

$V = Z_R - Z_r = G_R \cdot h - G_r \cdot h = R^2 \cdot \pi \cdot h - r^2 \cdot \pi \cdot h = (R^2 - r^2) \cdot \pi \cdot h$

$= (5{,}25^2 - 2{,}1^2) \cdot \pi \cdot 9{,}7 \approx 705{,}5$

Das Volumen des Papiers einer neuen beträgt ca. 706 cm^3.

Bei halber Dicke wird der äußere Radius kleiner, genauer:

$R_{\frac{1}{2}} = 2{,}1 + \frac{5{,}25 - 2{,}1}{2} = 3{,}675$

Das neue Volumen berechnet sich wie oben:

$V_{\frac{1}{2}} = \left(r_{\frac{1}{2}}^2 - r^2\right) \cdot \pi \cdot h = (3{,}675^2 - 2{,}1^2) \cdot \pi \cdot 9{,}7 = 277{,}2.$

Die Menge an Papier verhält sich proportional zum Volumen, es gilt also:

$\frac{277{,}2}{705{,}5} = \frac{x}{250}.$

Es sind noch ca. 98 Blatt auf der Rolle.

3 Oktaeder – Lösung

Baut ein Oktaeder aus Streichhölzern und Knetmasse nach und berechnet das Volumen dieses Körpers.

Lösungsvorschlag:

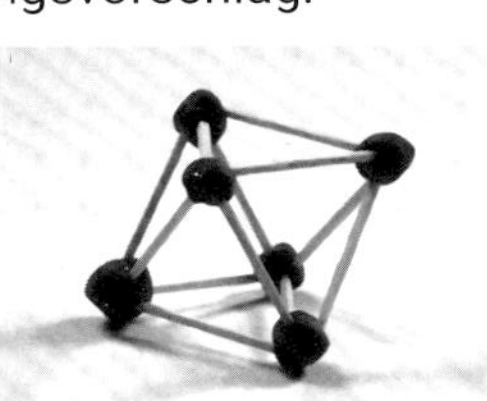

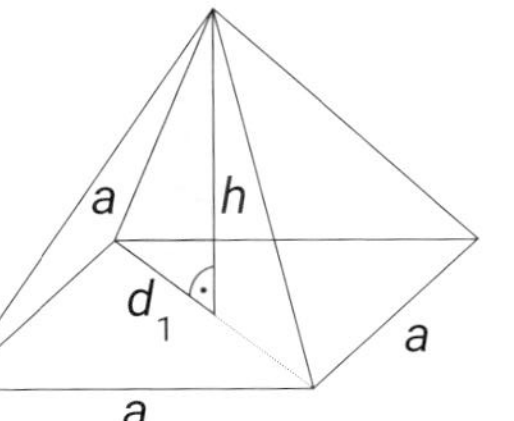

Der Körper besteht aus zwei quadratischen Pyramiden.

$V = 2 \cdot V_{Pyr} = 2 \cdot \frac{1}{3} \cdot G \cdot h = 2 \cdot \frac{1}{3} \cdot a^2 \cdot h.$

Es bleibt noch h zu berechnen. In dem grauen Dreieck gilt wegen Pythagoras:

$h^2 + d_1^2 = a^2$

$h^2 = a^2 - d_1^2$

d_1 ist die halbe Diagonale des Grundflächenquadrates, also gilt:

$d_1^2 = \left(\frac{a}{2}\right)^2 + \left(\frac{a}{2}\right)^2 = \frac{a^2}{2}.$

Damit: $h^2 = a^2 - d_1^2 = a^2 - \frac{a^2}{2} = \frac{a^2}{2}.$

$h = \sqrt{\frac{a^2}{2}} = \sqrt{\frac{a^2 \cdot 2}{2 \cdot 2}} = \frac{a}{2}\sqrt{2}$

Damit ergibt sich für das Volumen:

$V = 2 \cdot \frac{1}{3} \cdot a^2 \cdot h = 2 \cdot \frac{1}{3} \cdot a^2 \cdot \frac{a}{2}\sqrt{2} = \frac{1}{3} \cdot a^3 \cdot \sqrt{2}.$

Benutzt man zum Bau des Oktaeders Streichhölzer mit einer Länge von 4,3 cm, ergibt sich ein Volumen von ca. 37,5 cm³.

4 Quadratische Pyramide – Lösung

In einen Würfel mit einer Seitenlänge von 5 cm soll eine möglichst große symmetrische, quadratische Pyramide eingebaut werden.

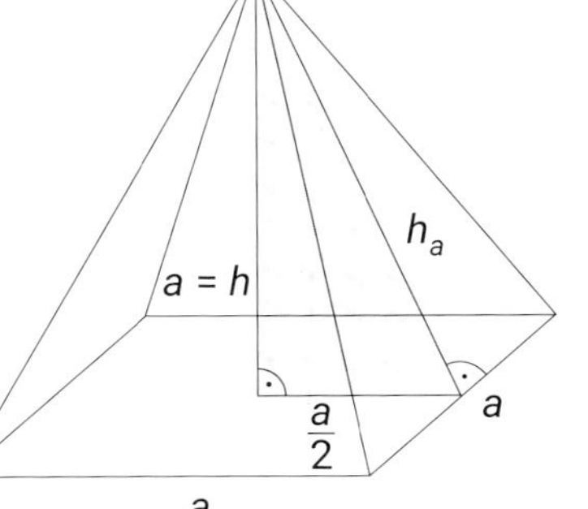

Um das Netz der Pyramide zeichnen zu können, benötigt man die Höhe h_a der Seitendreiecke. Pythagoras liefert:

$h_a^2 = \left(\frac{a}{2}\right)^2 + a^2 = \frac{5a^2}{4}$

$h_a = \sqrt{\frac{5a^2}{4}} = \frac{a}{2}\sqrt{5} = \frac{5}{2}\sqrt{5} \approx 5{,}59$

Die Oberfläche besteht aus einem Quadrat und vier Dreiecken:

$O = G + 4 \cdot A_{\Delta} = a^2 + 4 \cdot \frac{1}{2} \cdot g \cdot h_a = a^2 + 4 \cdot \frac{1}{2} \cdot a \cdot \frac{a}{2}\sqrt{5} = a^2 + a^2\sqrt{5}$

$O \approx 80{,}9\ cm^2$

Die Oberfläche der Pyramide ist ca. 80,9 cm².

5 Domino – Lösung

- $6 \cdot a^2$
- $a \cdot b \cdot c$
- Oberfläche einer Kugel
- $4 \cdot \pi \cdot r^2$
- $\pi r^2 + \pi r s$
- $\frac{1}{3} \cdot a^2 \cdot h + a^3$
- $\frac{4}{3} \cdot \pi \cdot r^3$
- $\frac{1}{3} r^2 \pi \cdot h$
- $G \cdot h$ G besitzt keine bekannte Form.
- a^3
- $a^2 + 4 \cdot \frac{1}{2} \cdot a \cdot h_s$
- $\frac{1}{3} \cdot a^2 \cdot h$
- $2ab + 2bc + 2ac$
- $2 \cdot r^2 \pi + 2r\pi \cdot h$
- $r^2 \pi \cdot h$

6 Kugelannäherung – Lösung

Eine Glaskugel mit dem Radius r soll aus einem Zylinder geschliffen werden.
Wie groß muss das Zylindervolumen mindestens sein?
Anschließend sollen aus der Kugel zwei möglichst große Kegel gefertigt werden.
Wie groß ist das Gesamtvolumen der beiden Kegel?
Vergleicht die drei Volumina miteinander. Was fällt auf?

Lösungsvorschlag:

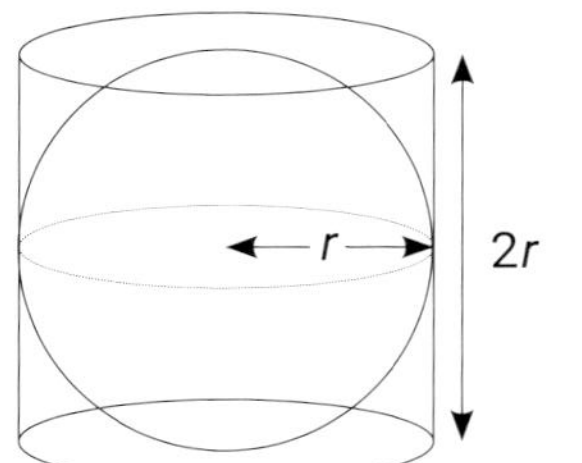

Für den umschließenden Zylinder gilt: $V_{Zylinder} = G \cdot h = \pi r^2 \cdot 2r = 2\pi r^3$.

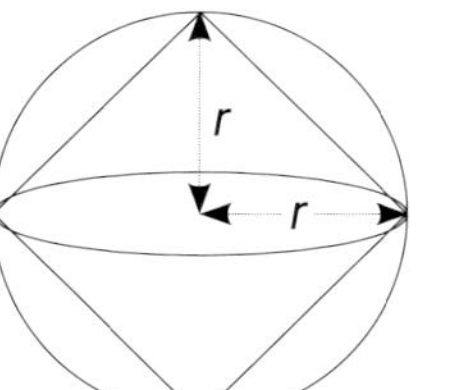

Für den Doppelkegel gilt:
$V_{Doppelkegel} = 2 \cdot V_{Kegel} = 2 \cdot \frac{1}{3} \cdot G \cdot h = 2 \cdot \frac{1}{3} \cdot r^2 \cdot r = \frac{2}{3}\pi r^3$.

Das Kugelvolumen liegt genau zwischen dem Zylinder- und dem Doppelkegelvolumen.

$\frac{2}{3}\pi r^3 < V_{Kugel} = \frac{4}{3}\pi r^3 < \frac{6}{3}\pi r^3$.

7 Halbgefülltes Glas – Lösung

Zu welchem Bruchteil ist das Glas gefüllt, wenn „bis zur Hälfte" auf die Höhe des Kegels bezogen ist? Bis zu welchem Bruchteil der Höhe ist einzuschenken, wenn „bis zur Hälfte" auf den Inhalt bezogen wird?

Lösungsvorschlag:
Die erste Frage lässt sich, ohne zu rechnen, beantworten: Streckt man die Längen eines beliebigen Körpers (zentrische Streckung um den Faktor 0,5), so verachtfacht sich dessen Volumen. Das lässt sich am einfachsten bei einem Würfel nachvollziehen:

$V = \left(\frac{1}{2}a\right)^3 = \frac{1}{8}a^3.$

Alternative Rechnung: $V_{\frac{1}{2}} = \frac{1}{3}\pi\left(\frac{1}{2}r\right)^2 \cdot \frac{1}{2}h = \frac{1}{8}\left(\frac{1}{3}\pi r^2 \cdot h\right) = \frac{1}{8}V$

Wird auf die halbe Höhe eingeschenkt, ist nur ein Achtel des Glasvolumens gefüllt.

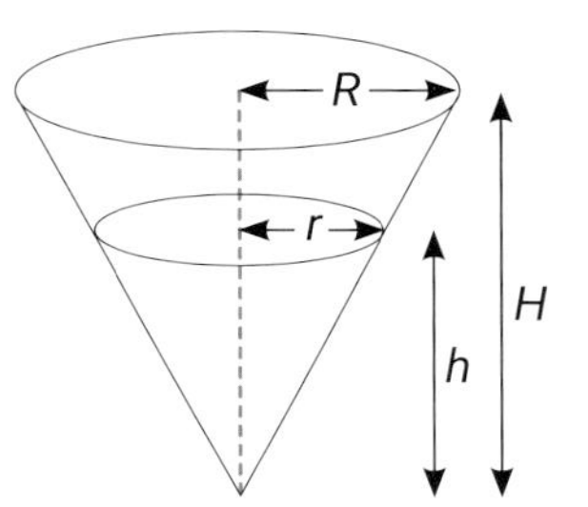

Das Fassungsvermögen des Sektglases sei V_G.
Der eingeschenkte Sekt hat das Volumen V_S. Es gilt:

$\frac{1}{2} \cdot V_G = V_S$

$\frac{1}{2} \cdot \frac{1}{3}\pi R^2 \cdot H = \frac{1}{3}\pi r^2 \cdot h$

Der Strahlensatz liefert:

$\frac{r}{R} = \frac{h}{H}$

$r = \frac{h}{H} \cdot R$

$\frac{1}{2} \cdot \frac{1}{3}\pi R^2 \cdot H = \frac{1}{3}\pi\left(\frac{h}{H} \cdot R\right)^2 \cdot h$

$\frac{1}{2} \cdot H \cdot R^2 = \frac{h^2}{H^2} \cdot R^2 \cdot h$

$\frac{1}{2}H^3 = h^3$

$H \cdot \sqrt[3]{\frac{1}{2}} = h.$

Damit gilt: $h = \frac{H}{2} \cdot \sqrt[3]{4} \approx 0{,}794 \cdot H.$

Es ist bis zu 79,4 % der Höhe einzuschenken.

8 Würfelabschnitt – Lösung

- *Findet ohne eine Rechnung den Rauminhalt dieser Pyramide heraus.*
- *Bestimmt ihre Oberfläche.*

Lösungsvorschlag:

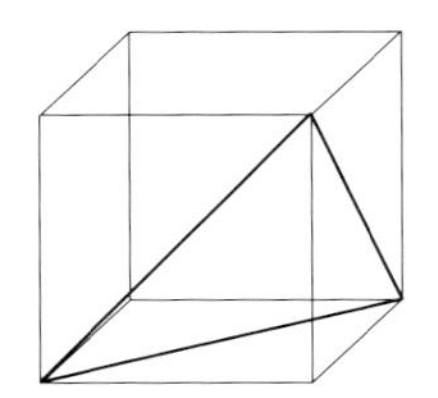

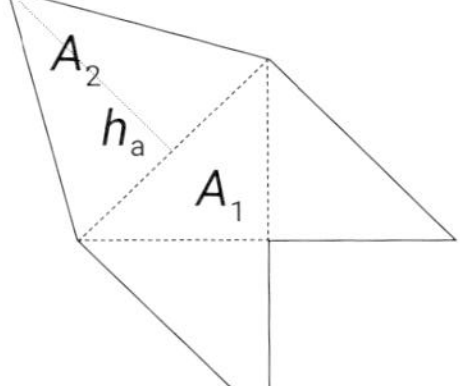

Eine quadratische Pyramide mit der Grundseite a und der Höhe *a* hat den Drittel vom Rauminhalt eines Würfels mit derselben Kantenlänge. Die Grundfläche ist jedoch halbiert. Es gilt:

$V = \frac{1}{3} \cdot \left(\frac{1}{2} \cdot G\right) \cdot h = \frac{1}{3} \cdot \left(\frac{1}{2} \cdot a^2\right) \cdot a = \frac{1}{6} \cdot a^3.$

Das Netz der Oberfläche ist oben rechts abgebildet. Sie besteht aus drei halbierten Quadraten und einem gleichseitigen Dreieck mit der Kantenlänge $a\sqrt{2}$. Für die Oberfläche gilt:

$O = 3 \cdot A_1 + A_2$

$= 3 \cdot \frac{1}{2}a^2 + \frac{(a\sqrt{2})^2}{4}\sqrt{3}$

$= \frac{3}{2}a^2 + \frac{a^2}{2}\sqrt{3}$

$= \frac{a^2}{2}(3 + \sqrt{3}).$

Mit der Streichholzlänge von *a* = 4,3 cm beträgt die Oberfläche der Pyramide ca. 43,7 cm².

9 Größenänderung – Lösung

- *Wie oft muss noch in den Luftballon geblasen werden, damit sich der Durchmesser verdoppelt?*
- *Könnt ihr auch eine Aussage über den Oberflächenzuwachs machen?*

Lösungsvorschlag:
Der aufgeblasene Luftballon hat annähernd die Form einer Kugel und wird hier wie eine solche behandelt. Für das Volumen einer Kugel gilt:

$$V_{klein} = \frac{4}{3}\pi r^3.$$

Der Durchmesser (bzw. der Radius) soll sich verdoppeln, also ist r durch $2r$ zu ersetzen:

$$V_{groß} = \frac{4}{3}\pi(2r)^3 = 8 \cdot \left(\frac{4}{3}\pi r^3\right) = 8 \cdot V_{klein}.$$

Damit sich der Radius verdoppelt, muss das Volumen auf das Achtfache anwachsen.

Es fehlen also noch sieben Atemzüge.

Bei Verdopplung des Radius gilt für die Oberfläche:

$$O = 4\pi(2r)^2 = 4 \cdot \left(4\pi r^2\right).$$

Die Oberfläche vervierfacht sich.

10 Drehkörper – Lösung

Konstruiert zuerst ein regelmäßiges Sechseck mithilfe von Streichhölzern und berechnet anschließend das Volumen des Drehkörpers, dessen Achse durch zwei gegenüberliegende Ecken verläuft.

Lösungsvorschlag:

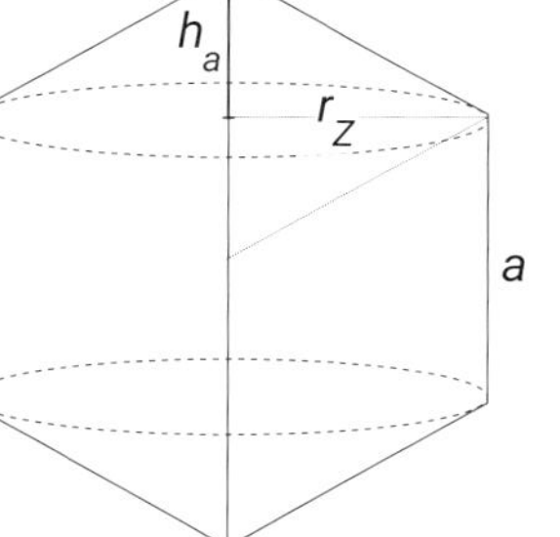

Der Drehkörper besteht aus zwei Kegeln mit der Höhe h_a und dem Radius r_Z sowie einem Zylinder mit demselben Radius und der Höhe a.

r_Z ist die Höhe in einem gleichseitigen Dreieck, also gilt: $r_Z = \frac{a}{2}\sqrt{3}$. Die Höhe h_a ist die Hälfte einer Seite des gleichseitigen Dreiecks.
Somit gilt: $h_a = \frac{a}{2}$.

$$\begin{aligned} V &= 2 \cdot V_{Kegel} + V_{Zylinder} \\ &= 2 \cdot \frac{1}{3}\pi r_z^2 \cdot h_a + \pi r_z^2 \cdot a \\ &= \frac{2}{3}\pi\left(\frac{a}{2}\sqrt{3}\right)^2 \cdot \frac{a}{2} + \pi\left(\frac{a}{2}\sqrt{3}\right)^2 \cdot a \\ &= 2\pi \cdot \left(\frac{a}{2}\right)^3 + \pi \cdot 3 \cdot \left(\frac{a}{2}\right)^2 \cdot a \\ &= \pi\frac{a^3}{4} + \pi \cdot 3 \cdot \frac{a^3}{4} \\ &= a^3\pi. \end{aligned}$$

Bei einer Streichholzlänge von a = 4,3 cm beträgt das Volumen des Drehkörpers ca. 250 cm³.

11 Eiskugel auf Kegel – Lösung

Bestimmt das Volumen des zusammengesetzten Körpers. Der Kugeläquator entspricht der Waffelöffnung. Der Kugeldurchmesser ist die Hälfte von der Höhe des Waffelkegels. Dieser beträgt 11,4 cm.

Lösungsvorschlag:

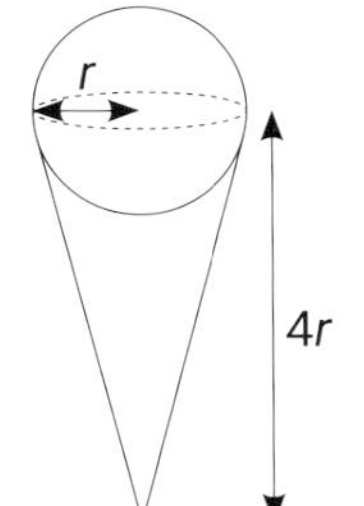

Für den Radius r gilt: $r = \frac{11{,}4\text{ cm}}{2} = 5{,}7$ cm.

Der zusammengesetzte Körper besteht aus einer Halbkugel und einem Kegel.

$$\begin{aligned} V &= V_{Halbkugel} + V_{Kegel} \\ &= \frac{1}{2} \cdot \frac{4}{3}\pi r^3 + \frac{1}{3} \cdot G \cdot h \\ &= \frac{2}{3}\pi r^3 + \frac{1}{3} \cdot \pi r^2 \cdot 4r \\ &= \pi r^3\left(\frac{2}{3} + \frac{4}{3}\right) \\ &= 2\pi r^3 \end{aligned}$$

$$V = 2\pi \cdot (2{,}85\text{ cm})^3 \approx 145\text{ cm}^3$$

Das Gesamtvolumen beträgt ca. 145 cm³.

12 Reagenzglas – Lösung

Der Außendurchmesser eines Reagenzglases beträgt 1,85 cm, die Glasstärke ist 0,5 mm. Das Glas schließt am unteren Ende halbkugelförmig ab. Die gesamte Länge des Glases beträgt 18,0 cm.

Lösungsvorschlag:

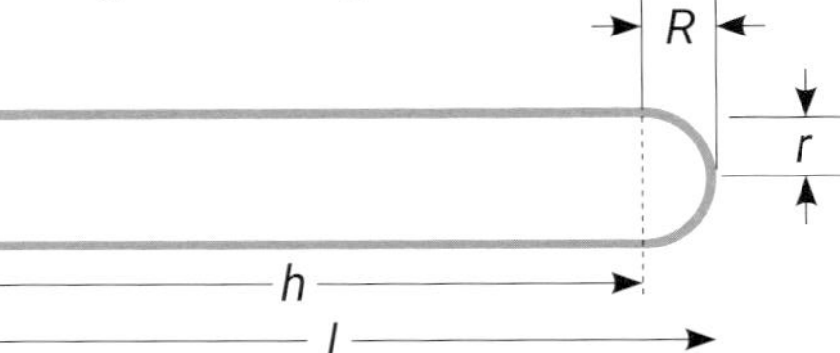

Der Außenradius R ist um 0,5 mm größer als der Innenradius r:

$R = 0{,}925$ cm

$r = 0{,}875$ cm

$l = 18$ cm

Der Körper besteht aus einem Zylinder und einer Halbkugel.

$$\begin{aligned} V &= V_{Zylinder} + V_{Halbkugel} \\ &= G \cdot h + \frac{1}{2} \cdot \frac{4}{3} \cdot \pi r^3 \\ &= \pi r^2 \cdot (l - R) + \frac{1}{2} \cdot \frac{4}{3} \cdot \pi r^3 \\ &= \pi(0{,}875)^2 \cdot (18 - 0{,}925) + \frac{2}{3} \cdot \pi(0{,}875)^3 \\ &\approx 42{,}47 \end{aligned}$$

Das Volumen des Reagenzglases beträgt ca. 42,5 cm³.

13 Ein Zehntel Quadratmeter – Lösung

- *Welchen Durchmesser besitzt eine Kugel mit der Oberfläche von einem Zehntel Quadratmeter?*
- *Versucht, den Luftballon entsprechend groß aufzublasen.*
- *Welches Luftvolumen (in Liter) schließt der Luftballon ein?*

Lösungsvorschlag:
Für die Oberfläche einer Kugel gilt:

$O = 4\pi r^2$

$\frac{1}{10} = 4\pi r^2$

$\sqrt{\frac{1}{10 \cdot 4\pi}} = r$

$r \approx 0{,}08921.$

Der Durchmesser einer Kugel mit der Oberfläche von einem Zehntel Quadratmeter beträgt ca. 17,8 cm.

Für das Volumen gilt: $V = \frac{4}{3}\pi r^3 = \frac{4}{3}\pi(0{,}08921)^3 \approx 0{,}002974.$

Damit beträgt das Volumen 0,00297 m^3 bzw. 2,97 Liter.

14 Ein Euro – Lösung

Bestimmt das Volumen der Messing-Nickel-Legierung (äußerer Ring).

Lösungsvorschlag:
Der Innendurchmesser des Nickel-Messing-Rings ist ca. $d = 1{,}6$ cm, der Außendurchmesser ca. $D = 2{,}3$ cm.
Damit gilt für die Radien: $r = 0{,}8$ cm, $R = 1{,}15$ cm.
Die Höhe der Münze beträgt ca. $h = 0{,}2$ cm.

$V = G \cdot h$

$= (\pi R^2 - \pi r^2) \cdot h$

$= (\pi R^2 - r^2) \cdot h$

$= \pi(1{,}15^2 - 0{,}8^2) \cdot 0{,}2$

$\approx 0{,}4288$

Damit beträgt das gesuchte Volumen ca. 0,429 cm^3 bzw. 429 mm^3.

4 Material

Domino

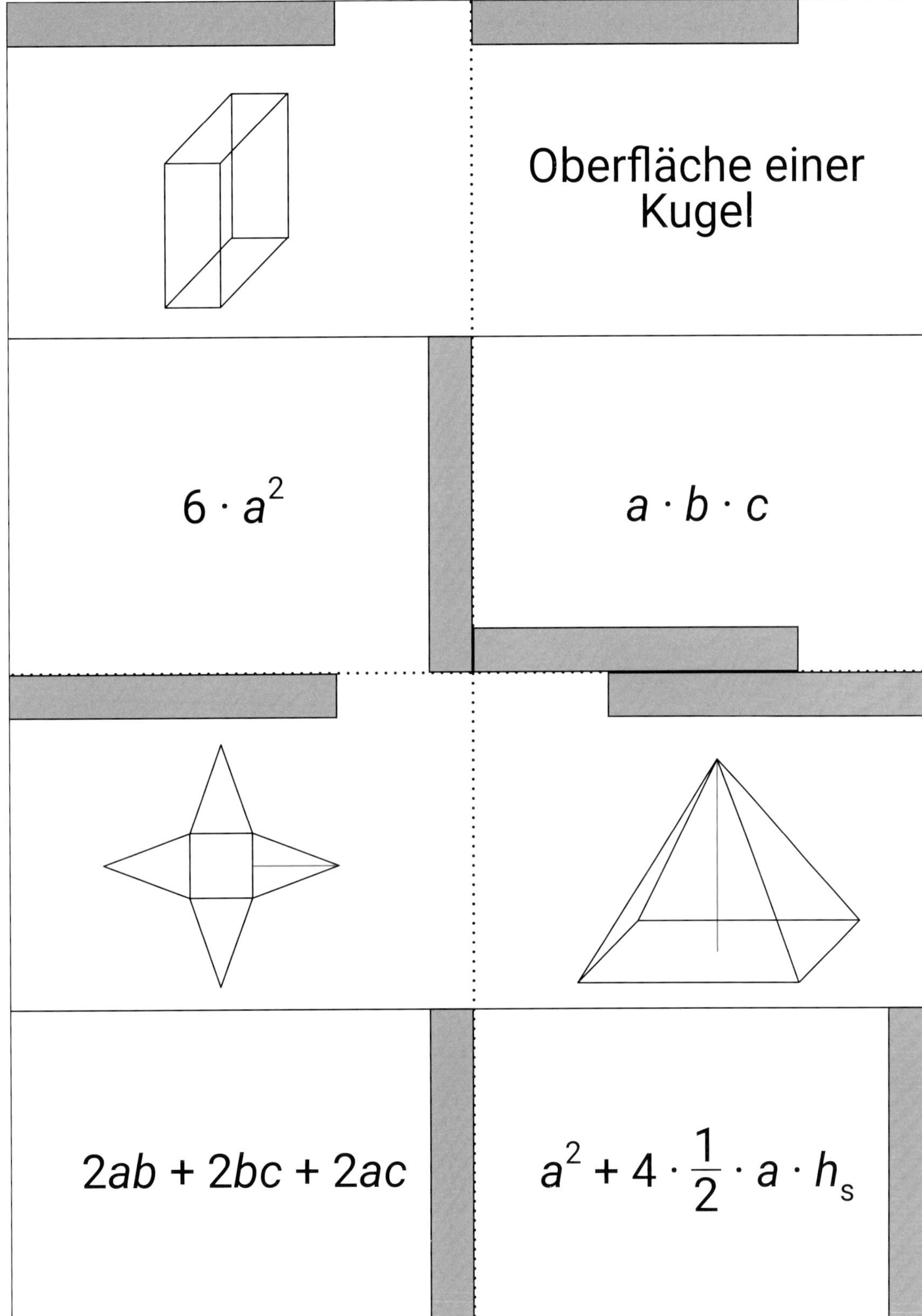

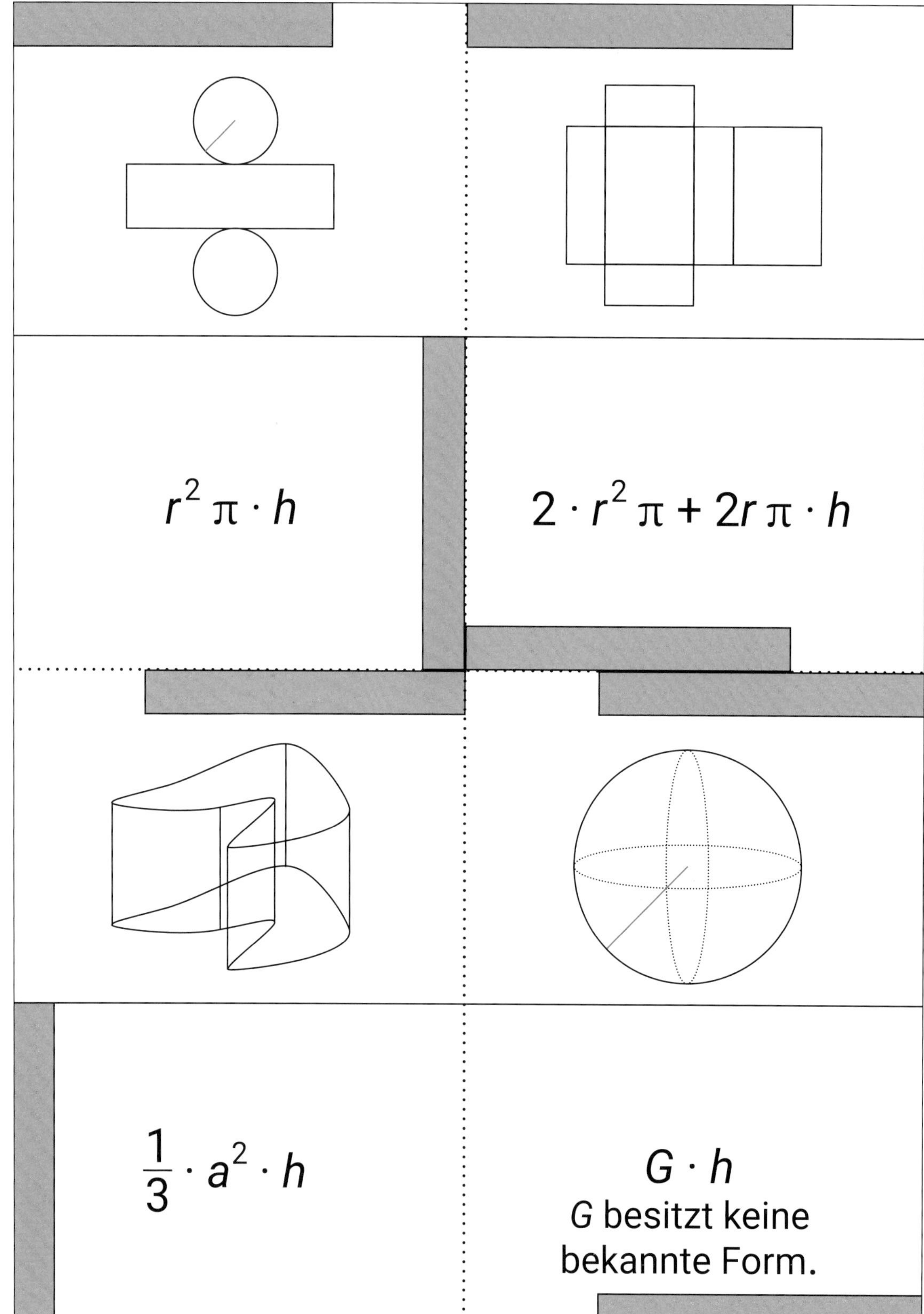
$r^2 \pi \cdot h$
$2 \cdot r^2 \pi + 2r \pi \cdot h$
$\frac{1}{3} \cdot a^2 \cdot h$
$G \cdot h$
G besitzt keine bekannte Form.

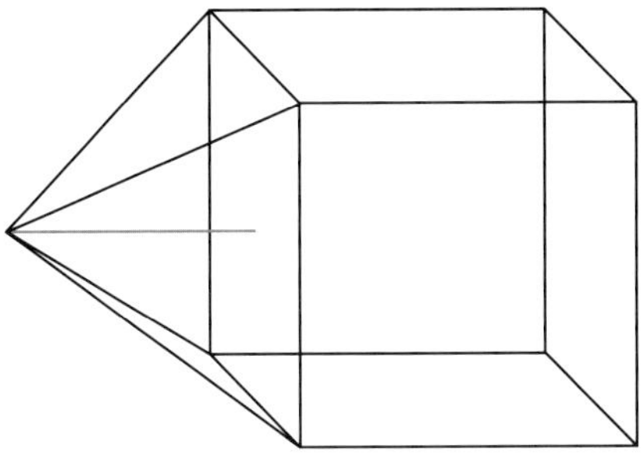

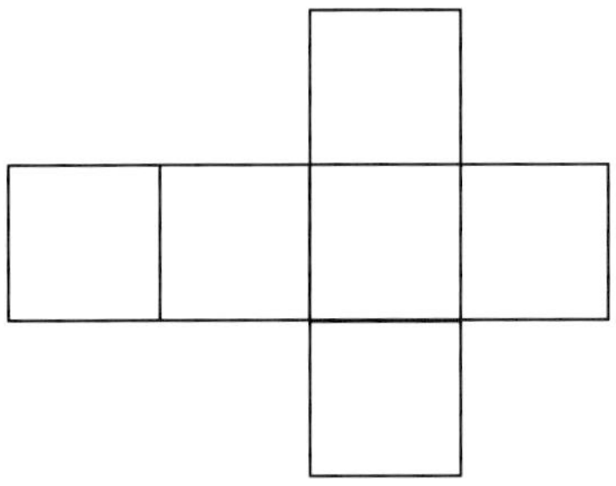

$\frac{4}{3} \cdot \pi \cdot r^3$

$\frac{1}{3} \cdot a^2 \cdot h + a^3$

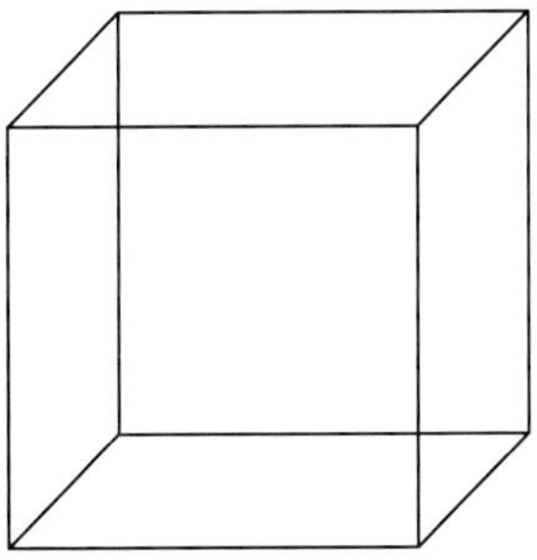

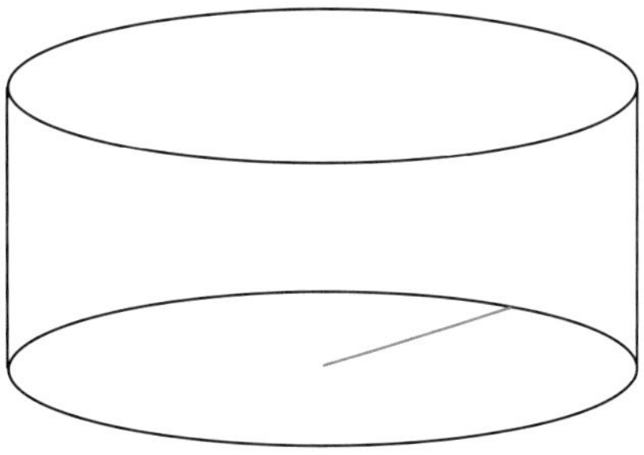

$\frac{1}{3} r^2 \pi \cdot h$

a^3

Landkarte des Wissens

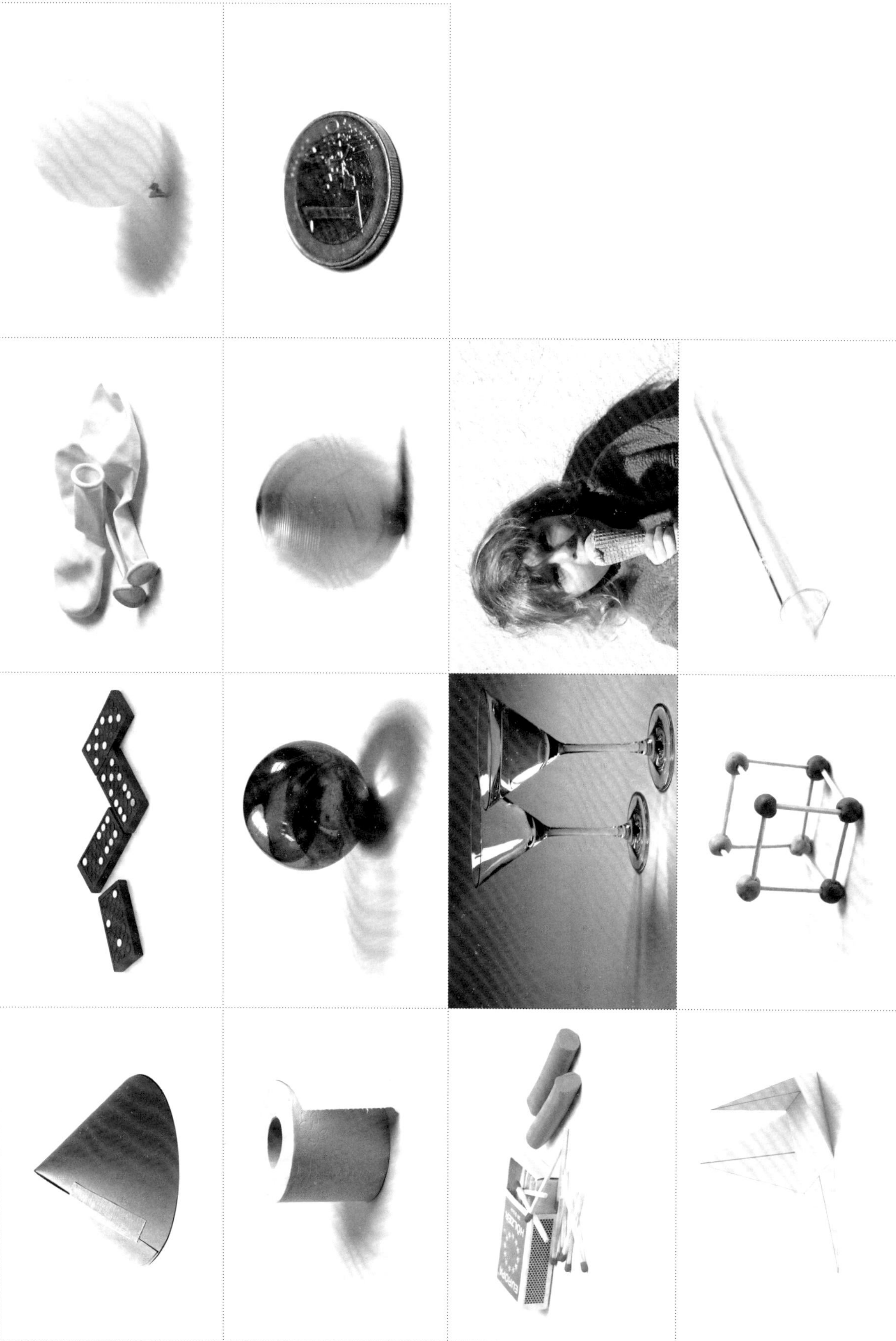

Selbsteinschätzung

Du sollst hier lernen, dich selber einzuschätzen. Bewertungen und Benotungen können falsch sein. Auch wenn man äußere Leistungsmessungen nicht ignorieren sollte, ist es wichtig, selbst zu wissen, was man kann und was nicht.

Mithilfe der Tabelle kannst du dir zunächst einen Überblick über dein Wissen verschaffen. Versuche anschließend, dich einzuschätzen, und erteile dir selbst eine Note.

Thema verstanden?	**total**	**das Meiste**	**halbwegs**	**etwas**	**wenig**	**nichts**
Die Formel zur Berechnung des Papiervolumens einer Klorolle könnte ich herleiten.						
Ich kenne die Bedeutung der einzelnen Variablen: $O = \pi \cdot r \cdot s$						
Ich weiß, dass für alle Prismen $V = G \cdot h$ gilt.						
Die Höhe einer quadratischen Pyramide mit den Seitenkanten a könnte ich berechnen.						
Zusammengesetzte Körper kann ich in ihre Bestandteile zerlegen.						
Heftführung	**sehr gut**	**ganz gut**	**okay**	**teilweise**	**noch okay**	**nicht okay**
Wie gut strukturiert?						
Wie ansprechend gestaltet?						

Vorschlag zur Selbstbewertung

sehr gut: Ich habe alles verstanden, könnte es gut erklären und auch Aufgaben angehen, welche von Standardfragen abweichen. Ich habe begonnen, mir selbst Fragen bzgl. des Stoffes zu stellen, und diese zu lösen versucht.

gut: Ich habe alles verstanden, könnte es erklären und auch Aufgaben angehen, welche größere Rechnungen (Anwendung des Schulstoffes) erfordern.

befriedigend: Ich habe das Wesentliche verstanden, kann Überlegungen des in der Schule behandelten Stoffes wiedergeben und löse Standardprobleme ohne größere Schwierigkeiten.

ausreichend: Einfache Aufgaben kann ich lösen, dem Unterrichtsverlauf konnte ich meistens folgen.

mangelhaft: Ich brauche auch für leichte Aufgaben Hilfestellungen, der Zusammenhang einzelner Themen ist mir fremd.

ungenügend: Ich habe keine Ahnung, was beim Thema Körperberechnungen von mir verlangt wird.

Ich würde mir selbst die Note ______________________ **erteilen.**

(Die Note/Selbsteinschätzung brauchst du niemandem zu zeigen.)

Name: ______________________________ Datum: ______________

Test

Hilfsmittel: Taschenrechner
Viel Erfolg!

Aufgabe 1
Ein symmetrischer Kegel besitzt einen Grundflächendurchmesser von d = 6 cm und hat eine Höhe h = 4 cm. Welche Oberfläche hat der Mantel des Kegels?

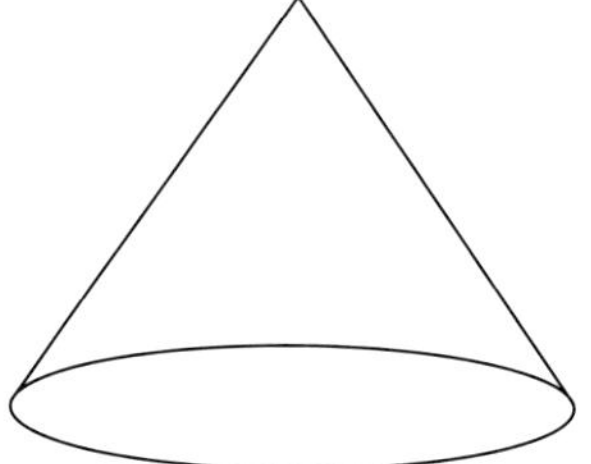

Aufgabe 2
Auf einem Pappring (Außendurchmesser 8 cm) sind 50 Meter Kreppband zu einer Dicke von 1,5 cm aufgewickelt.
Wie dick ist das Kreppband?

Aufgabe 3
Dargestellt ist das Netz einer quadratischen Pyramide.
Alle Kanten haben eine Länge von 5,0 cm. Welche Höhe besitzt die Pyramide?

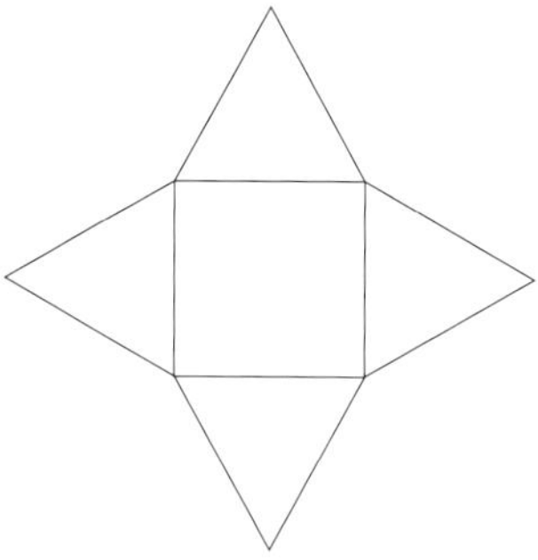

Aufgabe 4
Enthalten vier kugelförmige Wasserbomben dieselbe Menge Wasser wie eine mit dem doppelten Durchmesser?
Begründe durch eine Rechnung.

Lösung

Aufgabe 1

Kegel besitzt mit d = 6 cm (bzw. r = 3 cm) und h = 4 cm.
Gesucht ist die Manteloberfläche M.

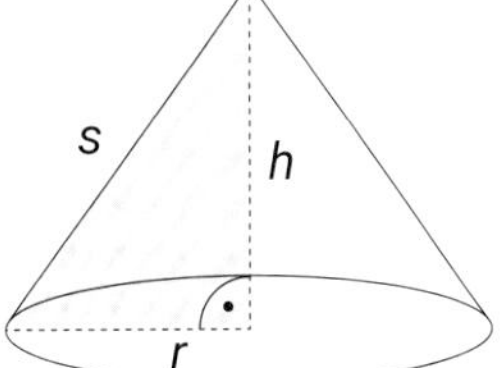

Für die Mantellinie s gilt wegen Pythagoras:

$$s = \sqrt{r^2 + h^2} = \sqrt{3^2 + 4^2} = 5$$

Damit ist $M = \pi r s = \pi \cdot 3 \cdot 5 = 15\pi$.
Die Manteloberfläche beträgt ca. **47,1 cm²**.

Aufgabe 2

Auf einem Pappring (Außendurchmesser 8 cm) sind 50 Meter Kreppband zu einer Dicke von 1,5 cm aufgewickelt.
Wie dick ist das Kreppband?

Ansatz: Das Volumen des aufgewickelten Kreppbandes (V_1) ist volumengleich zum abgewickelten (V_2), das die Form eines sehr flachen Quaders besitzt.

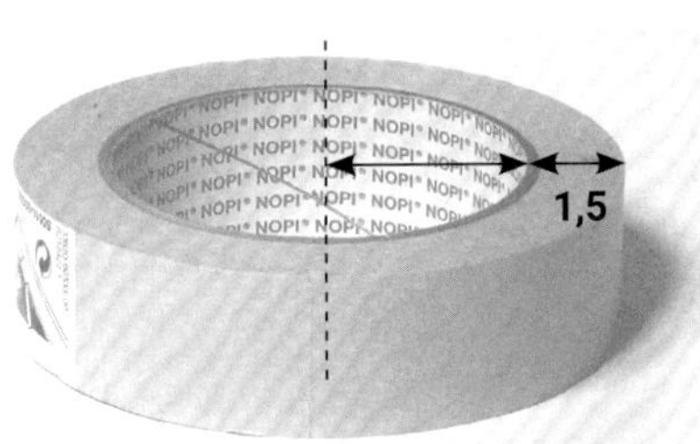

$$V_1 = V_2$$

$$\pi\left(R^2 - r^2\right) \cdot h = 5000 \cdot d \cdot h$$

$$\frac{\pi\left(R^2 - r^2\right)}{5000} = d$$

$$\frac{\pi\left(5{,}5^2 - 4^2\right)}{5000} = d$$

Die Dicke d des Kreppbandes beträgt 0,009 cm bzw. **0,09 mm**.

Aufgabe 3

Alle Kanten der Pyramide haben eine Länge von a = 5 cm.
Gesucht ist ihre Höhe h.

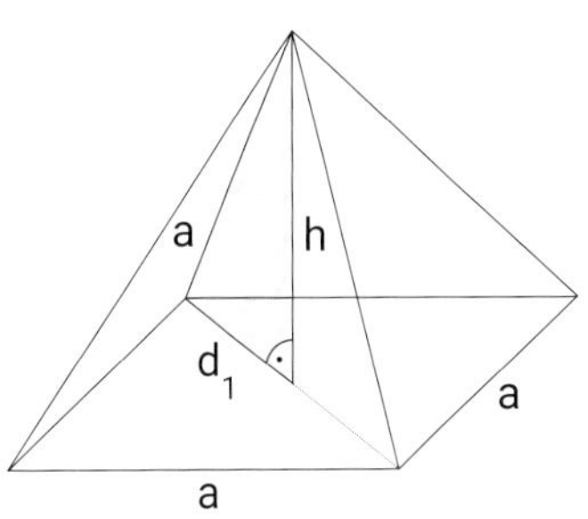

d_1 ist die Hälfte der Diagonale eines Quadrates mit der Kantenlänge von a = 5 cm. Also ist $d_1 = \frac{5\sqrt{2}}{2}$. Mit Pythagoras gilt:

$$\left(\frac{5\sqrt{2}}{2}\right) + h^2 = a^2$$

$$h^2 = 25 - \frac{25}{2} = \frac{25}{2}$$

$$h = \sqrt{\frac{25}{2}} = \frac{5}{2}\sqrt{2}.$$

Die Höhe beträgt ca. **3,54 cm**.

Aufgabe 4

Enthalten vier kugelförmige Wasserbomben dieselbe Menge Wasser wie eine mit dem doppelten Durchmesser?
Für das Volumen einer Kugel gilt: $V_K = \frac{4}{3} \cdot \pi \cdot r^3$. Verdoppelt sich der Radius, so verachtfacht sich das Volumen, da r in der dritten Potenz steht:

$$V_{neu} = \frac{4}{3} \cdot \pi \cdot (2r)^2 = \underbrace{\frac{4}{3} \cdot \pi \cdot r^3}_{V_K} \cdot 8\,.$$

Man benötigt also **acht kleine Wasserbomben**, um dieselbe Menge Wasser zu erhalten wie bei einer mit doppeltem Durchmesser.

Unter **www.friedrich-verlag.de** finden Sie Materialien zum Buch als Download.
Bitte geben Sie den achtstelligen Download-Code in das Suchfeld ein.

DOWNLOAD-CODE: d31688bb

Hinweis:

Das Download-Material enthält die Lernstationen und weitere Materialien aus dem Begleitheft.

Durch den Kauf dieses Materialpakets (ISBN 978-3-7727-1688-1) haben Sie das Recht erworben, das ergänzende Download-Material in Ihren derzeitigen und zukünftigen Lerngruppen und Klassen einzusetzen und zu vervielfältigen. So können Sie etwa einzelne Seiten ausdrucken und verteilen oder mit Beamer oder Whiteboard verwenden.

Was Sie **nicht** dürfen:

- das Download-Material oder Teile davon an Kolleginnen und Kollegen weitergeben,
- das Download-Material oder Teile davon in Netzwerke einstellen, wie etwa Schulserver oder Cloud-Systeme, sodass Kolleginnen und Kollegen darauf Zugriff erhalten,
- die Lizenzinformation und Quellenhinweise auf dem Download-Material entfernen,
- bei einer Bibliotheksausleihe des Buches das Download-Material herunterladen.

Bitte tragen Sie im Sinne dieser Lizenz dazu bei, dass wir weiterhin digitales Ergänzungsmaterial für Lehrerinnen und Lehrer bereitstellen können. Der Verlag behält sich dabei vor, auch gegen urheberrechtliche Verstöße vorzugehen.

Unsere Autorinnen und Autoren sowie der Verlag wünschen Ihnen viel Erfolg bei der Nutzung der Materialien!

Haben Sie Fragen zum Download? Dann wenden Sie sich bitte an den Leserservice der Friedrich Verlags GmbH. Schreiben Sie uns oder rufen Sie uns an!

Sie erreichen unseren Leserservice
Montag bis Donnerstag von 8 – 18 Uhr
Freitag von 8 – 14 Uhr
Tel.: 0511/40004-150
Fax: 0511/40004-170
E-Mail: *leserservice@friedrich-verlag.de*

Wir freuen uns über Ihre Rückmeldung und helfen Ihnen gern weiter!